制药工程
专业实验

苗艳丽　主编

华南理工大学出版社
SOUTH CHINA UNIVERSITY OF TECHNOLOGY PRESS
·广州·

图书在版编目(CIP)数据

制药工程专业实验/苗艳丽主编. --广州：华南理工大学出版社，2024.10
ISBN 978-7-5623-7812-9

Ⅰ. TQ46-33

中国国家版本馆 CIP 数据核字第 20241Y32J1 号

Zhiyao Gongcheng Zhuanye Shiyan
制药工程专业实验
苗艳丽　主编

出 版 人：房俊东
出版发行：华南理工大学出版社
　　　　　（广州五山华南理工大学17号楼，邮编510640）
　　　　　http：//hg.cb.scut.edu.cn　E-mail：scutc13@scut.edu.cn
　　　　　营销部电话：020-87113487　87111048（传真）
策划编辑：刘文峰
责任编辑：洪婉婷　刘文峰
责任校对：王洪霞
印 刷 者：广州小明数码印刷有限公司
开　　本：787mm×1092mm　1/16　印张：11.75　字数：214千
版　　次：2024年10月第1版　印次：2024年10月第1次印刷
定　　价：48.00元

版权所有　盗版必究　　印装差错　负责调换

前言

制药工程是我国于1998年新设立的制药领域的工程学科专业。广东海洋大学从2001年开始招收并培养制药工程专业本科生，经过对多届毕业生的培养，以及长达23年的教学实践，学校在该领域积累了一定的经验。在广东海洋大学"规划教材建设项目"的资助下，编者对制药工程专业本科生实验教学课程体系、实验内容等进行了改革的探索和实践。

制药工程专业实验是该专业教学实践的重要环节。编者经过努力，将实践教学中的一些宝贵成果进行整理，最终编撰成本书，旨在为我国制药工程本科专业的实验教学提供实用的参考和借鉴。

本书编写的基本思路是：在已有的多学科综合知识的基础上，紧扣制药工程专业的工科教育属性，着重提升学生的工程知识应用能力，并强化其工程实践技能的培养。

制药工程专业实验一般可分为基本性、综合性及设计性三大类。基本性实验的设计目的是确保每个学生都能受到制药工程专业实验的基本训练，并且这类实验可适应于不同层次院校制药工程专业的基本实验条件；综合性实验强调学生已学习的各科知识的综合运用；设计性实验鼓励学生进一步接受更高要求的实验培训，强调面对前沿问题时学生应大胆探索、独立开放思考，以培养创新性人才。

本书共分六章，包括：基本操作和实验技术、化学药物的合成、植物药物的提取、生物药物的提取、综合性实验以及设计性实验部分。

本书在编写中重点关注了以下问题：

（1）介绍了制药工程专业实验中一些重要的基本知识和基本操作技能，选择了在基本操作和过程类型等各方面具有代表性的较成熟的各类实验，如天然药物化学重要成分类型的提取、分离和鉴定；也选择了部分发展较快的新反应、新技术，如手性物非对称合成、手性对

映体拆分；适当介绍了色谱技术及其在具体实验中的应用。

（2）所介绍实验于内容上涉及不同实验方法、实验技术及设备的应用，有利于学生较全面地掌握各种制药技术和了解设备的特点。

（3）在设计性实验部分，设计了脂质体、微球、包合物、固体分散体的制备及拉曼光谱法在线分析阿司匹林合成实验，旨在培养学生的主观能动性和独立思考能力，助力其进一步成为创新性人才。

（4）教材的各部分均有明确的目的、要求、关键问题说明，安全问题亦设有提示并有相应的思考题，以利于学生自学、掌握要领，旨在充分调动学生学习的主动性和积极性，让学生在观察问题、分析问题和解决问题的能力上得到提高。

书中所列的实验项目，在使用时可根据需要及课程时数进行个性化选择。

本书由苗艳丽副教授主编，胡章、廖铭能、梁燕茹等教师参与编撰。本书在编写中引用了一些文献，在此谨向著作权者表示诚挚的感谢。

制药工程专业教育尚在不断发展中，因编者的经验、水平有限，书中出现不妥和不当之处在所难免，敬请读者提出宝贵意见。

编 者

2024 年 5 月

目录

第一章　绪论 ··· 1

  第一节　实验室一般规则 ································· 1

  第二节　实验室安全 ····································· 2

  第三节　有效数字的定义、运算及其修约规则 ··············· 8

  第四节　实验记录及报告格式 ···························· 13

  第五节　实验文献检索与辅助软件 ························ 18

第二章　化学药物的合成 ······································ 21

  实验一　盐酸二甲双胍的合成 ···························· 21

  实验二　贝诺酯的合成 ·································· 23

  实验三　盐酸普鲁卡因的合成 ···························· 26

  实验四　牛磺酸的合成 ·································· 30

  实验五　苯妥英钠的合成 ································ 32

  实验六　维生素 K_3 的制备 ····························· 34

  实验七　(±)-苯乙醇酸的合成和拆分 ····················· 37

  实验八　(±)-α-苯乙胺的合成 ···························· 41

  实验九　外消旋体 α-苯乙胺的拆分 ······················ 45

第三章　植物药物的提取 ······································ 49

  实验一　槐花米中芦丁的提取、分离和鉴定 ················ 49

  实验二　葛根素的提取、分离和精制 ······················ 54

  实验三　苦参生物碱的提取和鉴定 ························ 59

  实验四　海带多糖的提取和鉴定 ·························· 65

  实验五　白芷中香豆素的提取 ···························· 68

  实验六　茶多酚的提取、精制和含量测定 ·················· 70

第四章　生物药物的提取 ······································ 77

实验一　凝血酶的提取、纯化和效价测定 …………………………………… 77
实验二　猪胰蛋白酶的制备和活性的测定 …………………………………… 81
实验三　胆红素的提取和含量测定 …………………………………………… 86
实验四　灰黄霉素发酵和提取 ………………………………………………… 89

第五章　综合性实验 ……………………………………………………………… 92

实验一　纯化水的制备和质量检测 …………………………………………… 92
实验二　溶液型液体制剂的制备 ……………………………………………… 98
实验三　混悬型液体制剂的制备 ……………………………………………… 103
实验四　鱼肝油乳剂的制备 …………………………………………………… 107
实验五　生脉饮口服液的制备和检查 ………………………………………… 110
实验六　安瓿剂的制备 ………………………………………………………… 112
实验七　水杨酸软膏剂的制备 ………………………………………………… 117
实验八　栓剂的制备 …………………………………………………………… 122
实验九　山楂泡腾颗粒剂的制备 ……………………………………………… 127
实验十　水杨酸滴丸剂的制备 ………………………………………………… 129
实验十一　虎杖蒽醌胶囊的制备与质量检查 ………………………………… 132
实验十二　阿司匹林肠溶片的制备与质量检查 ……………………………… 137
实验十三　对乙酰氨基酚片溶出度的测定 …………………………………… 144

第六章　设计性实验 ……………………………………………………………… 148

实验一　脂质体的制备及包封率的测定 ……………………………………… 148
实验二　壳聚糖载药微球的制备和包封率的测定 …………………………… 154
实验三　茶碱缓释片的制备 …………………………………………………… 157
实验四　薄荷油/β-环糊精包合物的制备和质量检查 ……………………… 161
实验五　固体分散体的制备和鉴定 …………………………………………… 163
实验六　拉曼光谱法在线分析阿司匹林合成过程 …………………………… 170
实验七　啤酒花中芦丁的高效液相色谱法测定 ……………………………… 175

参考文献 …………………………………………………………………………… 178

第一章 绪论

第一节 实验室一般规则

无论是化学制药、生物制药、中药制药,还是药物制剂,药物制备工艺类实验一般都是在化学实验室里进行的。两药物制备实验过程中,常使用大量易燃、易爆的试剂原料,各种玻璃仪器,以及一些精密仪器设备等,为了保证实验顺利进行和实验安全,我们必须要了解和掌握实验室的基本情况、实验必须注意的问题和实验室的规章制度。

为保证实验教学顺利进行,学生必须遵守以下实验规则:

①备齐实验记录本及其他与实验有关的用品。

②课前必须认真预习,写好预习报告,参照预习报告进行实验操作。

③实验开始前应先检查确认仪器是否完好无损,装置是否正确稳妥。

④在实验过程中做好及时、认真的记录,实验结束后记录内容要经教师审阅、签字。

⑤爱护仪器、节约药品,取完药品要盖好瓶盖,仪器损坏要及时报损。仪器的使用必须严格按照操作规程,防止仪器损坏。实验中出现错误必须报告教师,作恰当处理。

⑥遵守课堂纪律,不得旷课、迟到,实验室内要保持安静、不许喧哗,实验过程中不许擅自离开。

⑦保持实验室整洁。自始至终保持桌面、地面、水池清洁。书包、衣物及其他与实验无关的物品应放在指定地点。公用仪器、药品、试剂用完要放回原处。

⑧不得将实验所用仪器、药品随意带出实验室。

⑨实验完毕后值日生要做好清洁卫生工作,检查实验室安全,关好门、窗和水、电、煤气。

⑩实验后对实验数据进行认真分析和处理,并填写实验报告。

第二节 实验室安全

一、实验室安全实验事故的防护

(一) 火灾事故的预防及应对

由于药物制备实验中经常需要使用到一些易挥发、易燃的有机试剂和溶剂，故实验室内发生意外性火灾事故的风险是存在的。为防止火灾事故的发生和引导学生做好正确应对，实验室制定了严格的规章制度并给予了相关的指导意见，每个学生都必须认真学习并严格遵守。

火灾事故的预防：实验室内禁止吸烟；实验室要保持良好的空气流通；实验中要使用明火时，应先注意周围的环境，确认周围是否有人正在使用易燃、易爆的溶剂和气体（如乙醚、二硫化碳和氢气等），若有人使用，则应避免明火与其同时使用；正确地使用各种加热仪器设备，避免因操作不当等原因而引起火灾。

火灾事故的应对：一旦发生火灾，不要惊慌，应立即采取措施：迅速切断电源、熄灭火源、移开易燃物品、使用就近的灭火器材扑灭燃火。如容器中溶剂起火，可以使用灭火毯、湿抹布或玻璃及金属盖等盖住容器。如人所着衣物着火，当事人切勿乱跑，应使用水冲淋或灭火器灭火。如发生较大的火灾事故，应立即报告有关部门或拨打 119 火警电话报警。

(二) 一般性事故的防护

1. 割伤

实验中，使用玻璃仪器和材料时，有时会有割伤事故发生。较常见的是玻璃棒或玻璃管的割伤。发生割伤时，一般应用水清洗伤口，并取出碎玻璃，再用无菌绷带或创可贴对伤口进行包扎。如伤口较大或流血较多时，应注意压紧或扎住主血管，进行止血处理，并及时送医院进行治疗。

2. 烧伤、烫伤

实验中，有时会发生烧伤或触及炽热物体导致的不同程度的烫伤事故。对于一般轻度的烧伤、烫伤，可先用冷水或冰水等浸润处理，再涂抹相应药膏；对于严重的烧伤，烫伤则应立即送医院治疗。

3. 化学试剂的灼伤

实验室化学试剂的灼伤事故时有发生。一般是刺激性气体对皮肤和呼吸道的灼伤，酸或碱造成的皮肤灼伤等。其中，对于一般的酸碱皮肤灼伤，应立即用大量的水对伤口进行冲洗；然后，酸灼伤用3%~5%的碳酸氢钠溶液淋洗，而碱灼伤则用2%醋酸溶液或1%硼酸溶液淋洗；最后用大量的水冲洗15 min。卤素及无机酸性气体的不慎吸入，易使人发生吸入性呼吸道灼伤，若发生较大量的吸入，应及时送医院治疗。

4. 试剂中毒

①将吸入气体中毒者移至室外，解开衣领及纽扣。②若吸入少量氯气或溴，可用5%的碳酸氢钠溶液漱口。③若吸入氯气、氯化氢，可立即吸入少量酒精和乙醚的混合蒸汽以解毒。④若因吸入硫化氢或一氧化碳气体而感到头晕不适，应立即到室外呼吸新鲜空气。但应注意氯气、溴中毒情况下不可进行人工呼吸，一氧化碳中毒不可使用兴奋剂。⑤毒物进入口内：将5~10 mL 5%的稀硫酸铜溶液加入一杯温水中，内服后，用手指伸入咽喉部，促使呕吐，吐出毒物后立即送医院。

5. 眼睛安全防护

在实验中，可能会有意外安全事故发生而伤害到实验者眼睛，如腐蚀性化学药品或试剂溅入眼睛造成灼伤和烧伤；碎玻璃等尖硬物质刺伤眼睛；或实验操作不当，化学药品试剂爆炸损伤眼睛等。因此，在实验中要注意保护眼睛，最好佩戴防护目镜。倘若发生了意外事故，必须尽快处理，并到医院进行治疗。一般性化学药品或酸性、碱性溶液溅入眼睛，应先马上用大量的水冲洗作预处理。

二、化学药品的安全储存及使用

（一）化学试剂药品的储存

实验室一般不能储存过多的化学试剂药品，尤其是那些沸点低、易挥发，对光、湿、热敏感不稳定的，毒性大的化学试剂药品。

被储存的试剂药品,要贴有明确的标签,且必须按要求存放。一般液体存放在细口玻璃瓶内;固体存放在广口玻璃瓶或广口塑料瓶内;光敏感的试剂药品存放在棕色玻璃瓶中,并置于避光处;对湿、热敏感的试剂药品要严格地密封储存在玻璃器皿中;对于一些毒性大或危险性大的化学试剂药品如金属钠、氢化钠、氰化钠、活性镍等,要有专人负责并严格按规定保管储存。常用的一般性试剂药品应存放在实验室的实验架上,易产生挥发性气体的试剂药品应存放在通风橱内。

(二)化学试剂药品的使用

实验室使用化学试剂药品,应遵循需要多少领取多少、安全管理和规范使用的原则。要了解和掌握所使用化学试剂药品的理化性质,做到安全使用。使用易燃、易爆有机溶剂时,要绝对避开明火,并保持实验室内良好的通风。处理使用化学试剂药品时,应尽量在通风橱内进行,以减少对试剂药品的吸入。对于毒性大的试剂药品,要在教师的指导下使用,同时必须做好防护工作,戴好橡皮手套和防毒面具,预备好解救的方法和措施。

(三)危险化学品安全管理

1. 化学危险物品的存放与使用

(1)化学危险物品的保管员,必须由政治可靠、工作负责、严格执行安全操作规程和管理制度、熟悉业务的人员担任。凡是不了解危险物品性能和安全操作方法的人员,不得从事相关操作和保管工作。保管员要相对稳定,不得任意调换。

(2)化学危险物品的存放场地应符合有关安全规定要求,并根据物品的种类、性质,设置相应的通风、防爆、泄压、防火、防雷、报警、灭火、防晒、调湿、消除静电等设施,应注意将化学危险物品分类分项存放,室内的温度要控制在30℃以下,且通风应良好。

(3)实验室负责人是化学危险物品使用安全的直接负责人。

(4)使用化学危险物品的实验室,应做到需要多少领多少,未用完的化学危险物品及时退还给仓库,实验室内不得存放大量的化学危险物品。

(5)使用化学危险物品过程中产生的废气、废渣、废液、粉尘应做好回收及综合利用。必须排放的,应经过净化处理,其有害物质浓度不得超过国家和环保部门规定的排放标准。剧毒物品的销毁处理,必须经学校职能部门领导批准,再送交有相关资质的单位执行。

(6)使用化学危险物品的单位必须坚持实行登记制度。使用爆炸品、剧毒品,必须先提交写明详细用途的申请,经实验室主任审批、单位负责人签字同意后方能领用,并应有专人追踪使用过程。严格实行专用保险柜和双人、双锁、双保管、双领用制度。

(7)实验室应配合保卫处,定期对使用化学危险物品的部门和个人进行安全检查和抽查,并做好记录。对存在的不安全因素,应及时采取措施进行整改,以确保安全。

2. 化学危险物品的申购与报废

(1)申购剧毒品、爆炸品,须先填写"申请批准单",详细写明品种、数量、用途,经实验室领导审核后送学院院长审批,审批通过后再到学校相关部门盖学校公章,从学校采购系统申请,报公安部门审批,才能采购。

(2)实验、科研、生产剩余或存放过久、失效、变质、报废后的化学危险物品,在需要销毁时,必须事先向实验室分管领导报告,经批准后建册登记,在指定监销人监督进行销毁。

3. 生物危害的预防

(1)生物材料如微生物、动物组织、细胞培养液、血液和分泌物都可能存在细菌和病毒感染的潜在风险,绝不可忽视,如通过血液感染的血清性肝炎、通过呼吸道感染的 SARS 病毒就是生物危害的例子。感染的主要途径除血液、呼吸道外,其他如分泌物也能传递病毒,因此在处理各种生物材料时,必须谨慎、小心。实验者应戴一次性手套进行相关操作,做完实验后必须用消毒液、洗涤剂或肥皂充分洗净双手。

(2)使用微生物作为实验材料时,尤其要注意人身安全和清洁卫生。被污染的物品必须进行高压消毒或燃烧成灰烬处理。如对于被污染的玻璃器皿,应在其被使用后立即将其浸泡在适当的消毒液中,然后再进行清洗和高压灭菌。

(3)进行遗传重组实验的实验室更应根据有关规定加强对生物危害的防范。

三、实验室环保

用于进行药物制备实验的实验室,应该保持整洁、明亮、通风,并且力行环

保。实验室环保的重要任务是实验三废的处理，各类废物按固体、液体、有机、无机等类别分类存放，并按类别集中处理，不得随意放入下水道或混合处理。尤其是那些含有易燃、易爆物质(如金属钠、氢化钠、氰化钠、活性镍等)的废物，不得随意处理，否则可能会发生如爆炸或有毒性气体产生等重大安全事故，它们必须经过特殊的处理才能被排放。对于实验室的三废处理，实验操作人员必须听从实验室管理人员的安排和要求，仔细认真地执行。

四、实验室仪器设备的使用

药物制备实验中，常需使用许多的仪器设备，如天平、熔点仪、气相色谱仪、液相色谱仪、紫外光谱仪、红外光谱仪等。使用这些精密仪器，必须严格按照要求正确操作。这不仅有利于获得准确的实验数据，而且有利于维护好、管理好仪器设备。因此，在使用仪器之前，必须认真阅读学习相关的使用说明，在教师的指导下正确操作，使用结束时，还要做好仪器设备的使用记录和状况说明。

五、安全用电

(一)人身安全防护

实验室常用电为频率 50 Hz、电压 200 V 的交流电。而需要注意的是，人体体内有 1 mA 的交流电流通过时，人便有发麻或针刺的感觉，10 mA 以上人体肌肉会强烈收缩，25 mA 以上则呼吸困难，就有生命危险。直流电对人体也有类似的危险。

为防止触电，应注意：
①修理或安装电器时，应先切断电源。
②使用电器时，手要保持干燥。
③电源裸露部分应有绝缘装置，电器外壳应接地线。
④不能用试电笔去试高压电。
⑤不应双手同时触及电器，防止触电时电流通过心脏。
一旦有人触电，应首先切断电源，然后抢救。

(二) 仪器设备的安全用电

①一切仪器设备皆应按说明书连接适当的电源，需要接地的一定要接地。

②若是直流电器设备，应注意辨别电源的正负极，不要接错。

③若电源为三相交流电，则应首选三相五线制接线，分别是三根火线（L_1，L_2，L_3），一根零线（N），一根接地保护线（PE），这种情况下，若出现漏电，则可降低接触电压。接三相电动机时，要注意正转方向是否符合，若不符合，应切断电源，对调相线。

④接线时应注意接头要牢，并根据电器的额定电流选用适当直径的连接导线。

⑤接好电路后应进行仔细检查，检查无误后，方可通电使用。

⑥仪器发生故障时应及时切断电源。

六、使用高压容器的安全防护

实验常用到高压储气钢瓶和一般受压的玻璃仪器，使用不当则将有爆炸风险，因此实验操作人员在使用前需掌握有关常识和操作规程。

压力容器是一种能承受一定压力的容器，主要用于存储和运输气体、液体和化学物质等。由于其耐压，具有与常规容器不同的结构和材质特点，使用和检修时操作人员需要特别注意做好安全防护。本部分从使用和检修两方面阐述高压容器的安全防护。

1. 气体钢瓶的识别（颜色相同的要看气体名称）

氧气瓶（天蓝色）；氢气瓶（深绿色）；氮气瓶（黑色）；纯氩气瓶（灰色）；氦气瓶（棕色）；压缩空气瓶（黑色）；氨气瓶（黄色）；二氧化碳瓶（黑色）。

2. 使用时的安全防护

（1）设计压力和使用压力要一致。使用压力不能超过容器标记规定的使用压力范围。在操作过程中要注意使用压力是否与容器的额定使用压力相符。

（2）定期检查容器的安全阀。安全阀是压力容器的关键控制部件，其作用是在容器内压力超过安全值时，疏通一定量的流量，以保证容器不失压。如果安全阀损坏或未能达到预定的疏通压力，必须及时给予更换或调整。

（3）保证容器工作环境正常。容器必须放在坚固平稳的基础上，禁止在容器下面放置任何物品，以防发生危险或造成不必要的破坏。使用过程中要保持容器清洁干燥。在吊装、搬迁容器时，要使用专业设备并严格按标准操作。应保证容

器在使用过程中周围通风良好,避免在高温、火源、腐蚀等环境下对其的使用。

(4)所使用的配套设备应符合标准。实验中所购置使用的压力容器配套设备,如进口止回阀、进口安全阀等的实施标准,均需要符合相应产品的国内外标准。

3. 检修时的安全防护

(1)检修操作人员必须具备安全检修的技能,检修前必须清楚本次检修计划和要求、检修需谨慎等。对于技术尚不成熟的检修操作人员,检修工作应在有经验的专业人士陪同下进行。

(2)检修设备和工具的安全性。使用检修设备和工具时,必须遵守国家相关安全要求。操作人员应熟练使用检修设备或工具,遵从联锁、防错装置检修操作规程,保证检修时使用的各类工具使用的合理、安全。

(3)采用合适的工艺方法。在检修过程中,必须采用行之有效的方法,合理利用设备、工具,确保设备及人员安全。检修时必须遵从规程、规定要求,准确测量和判定各项检修要求,重要的检修项目包括光亮法检修、硬度检测和神经仪查看等需要专业程度高的技术人员进行操作。

(4)坚持前防、余防和后勤保障。在检修过程中,应加强前防、余防和后勤保障,严格实施安全生产各项规章制度,把安全工作纳入检修工作的各个环节,并按固定标准进行认真检查。

总而言之,压力容器的使用和检修,需要检修人员格外注意做好安全防护,严格遵守相关安全要求和规则,避免出现安全事故。在实际的使用和检修过程中,必须严格按照相关标准和程序进行操作,确保所有工作都是安全可靠的。

第三节 有效数字的定义、运算及其修约规则

一、有效数字

(一)有效数字的定义

有效数字是指实际能测量到的数值,在该数值中,只有最后一位是可疑数字,其余均为可靠数字。

(二)有效数字的实际意义

有效数字能反映出测量结果的准确程度。例如,用最小刻度为 0.1 cm 的直尺量出某物体的长度为 11.23 cm,显然这个数值的前 3 位数是准确的,而最后一位数字就不是那么可靠,如测得物体的长度可能是 11.24 cm,亦可能是 11.22 cm,测量的结果有 ±0.01 cm 的误差。我们把这个数值的前面 3 位可靠数字和最后一位可疑数字称为有效数字。这个数值就是四位有效数字。

在确定有效数字位数时,特别需要指出的是,当数字"0"表示实际测量结果时,它便是有效数字。例如,分析天平称得的物体质量为 7.1560 g,滴定时滴定管读数为 20.05 mL,这两个数值中的"0"都是有效数字。而在 0.006 g 中,数字"0"均只起到定位作用,不是有效数字。

在制药工程专业实验中,需注意的有效数字相关事项:①容量器皿如滴定管、移液管、容量瓶等的测量结果均取 4 位有效数字;②分析天平(万分之一)的测量结果取 4 位有效数字;③标准溶液的浓度,一般用 4 位有效数字表示,如 0.1000 mol/L;④pH = 4.34 中,小数点后的数字位数为有效数字位数,即有效数字为 2 位;⑤对数值,如 $\lg X = 2.38$,$\lg(24 \times 10^2)$,对数的有效数字为小数点后的全部数字;等等。

(三)有效数字中"0"的意义

前文已述及,"0"在有效数字中有两种意义:一种是有效数字,另一种是作数字定值用。例如在分析天平上称量各种物质时,得到如表 1-1 所示的分析天平相关测量信息。

表 1-1 分析天平相关测量信息

物质	称量瓶	Na_2CO_3	$H_2C_2O_4 \cdot 2H_2O$	称量纸
质量/g	10.0780	1.2056	0.2044	0.0120
有效数字位数	6 位	5 位	4 位	3 位

以上数据中"0"所起的作用是不同的。

分析:"0"是有效数字,如 10.0780 为 6 位有效数字;1.2056 为 5 位有效数字。

"0"作数字定值用:0.2044 中,小数前面的"0"是定值用的,不是有效数字;0.0120 中,"1"前面的两个"0"都是定值用的,而在末尾的"0"是有效数字,所以它有 3 位有效数字。

综上所述，数字中间的"0"和末尾的"0"都是有效数字，而数字前面所有的"0"只起定值作用。以"0"结尾的正整数，有效数字的位数需根据具体情况而定。

二、数字修约规则

我国科学技术委员会正式颁布的《数字修约规则》，通常称为"四舍六进五成双"法则。四舍六进五成双，即当尾数小于或等于4时舍去，尾数为6时进位。当尾数为5时，则应根据上一位末位数是奇数还是偶数而判断，5前为偶数应将5舍去，5前为奇数应将5进位。具体可总结为"大(于)5进，小(于)5舍，是5看奇偶，奇进偶不进"。

这一法则的具体运用如下：

(1) 将 22.125 和 22.155 处理成 4 位有效数字，得到的结果分别为 22.12 和 22.16。

(2) 若被舍弃的第一位数字大于5，则其前一位数字加1，例如18.2645处理成 3 位有效数字时，其被舍往后的第一位数字为6，大于5，则有效数字应为18.3。

(3) 若被舍弃的第一位数字即是5，而其后数字全部为零时，则是根据被保留的末位数字为奇数或偶数(零视为偶)，而定进或舍，末位数是奇数时进1，末位数为偶数时不进1，例如18.350、18.250、18.050处理成 3 位有效数字时，分别为18.4、18.2、18.0。

(4) 若被舍弃的第一位数字为5，而其后的数字并非全部为零时，则进1，例如18.2501，只取 3 位有效数字时，成为18.3。

(5) 若被舍弃的数字包括几位数字时，不得对该数字进行连续修约，而应根据以上各条规则作一次处理。如35.454546，只取 4 位有效数字时，应为35.45，而不得按下法连续修约为 35.46：35.454546→35.45455→35.4546→35.455→35.46，这种方法是错误的。

三、有效数字运算规则

在分析计算中，有效数字的保留更为重要，下面仅就加减法和乘除法的运算规则加以讨论。

(一)加减法

在加减法运算中,计算结果的有效数字位数,要判断保留的有效数字,应以小数点后位数最少的数值为处理标准,即以绝对误差最大的为准。运算时,首先确定有效数字保留的位数,弃去不必要的数字,然后做加减运算。

例如:0.0121 + 25.64 + 1.05782 = ?

首先考虑有效数字的保留位数。在这三个数中,25.64 的小数点后仅有两位数,其位数最少,故应以它为标准,取舍后得到的应是 0.01、25.64、1.06 的相加,具体计算见算式①。如果保留小数点后五位,具体计算见算式②。

① 正确计算　　　② 不正确计算

```
  0.01              0.0121           绝对误差   0.0001
 25.64             25.64                       0.01
+ 1.06            + 1.05782                    0.00001
──────            ────────
 26.71             26.70992
```

上例相加的 3 个数字中,算式①的结果只有一位不定值,而算式②的结果有四位不定值。由于在有效数字规定中,只能有一位不定值,所以应按照算式①计算。25.64 中的"4"已是可疑数字,因此最后结果有效数字的保留应以此数为准,即保留有效数字的位数到小数点后面第二位。

(二)乘除法

乘除运算中,应保留的有效数字位数也以位数最少的数值为准,即以相对误差最大的为准。例如:

0.0121 × 25.64 × 1.05782 = ?

以上 3 个数的乘积应为:

① 不正确计算:0.0121 × 25.64 × 1.05782 = 0.3281823……

② 正确计算:0.0121 × 25.6 × 1.06 = 0.328

在这个计算中 3 个数的相对误差分别为:

$E\% = (\pm 0.0001)/0.0121 \times 100 = \pm 8$

$E\% = (\pm 0.01)/25.64 \times 100 = \pm 0.04$

$E\% = (\pm 0.00001)/1.05782 \times 100 = \pm 0.0009$

第一个数值的有效数字位数最少,仅有三位,其相对误差最大,应以它为标准来确定其他数值的有效数字位数。其正确计算结果为算式②。

有效数字的位数取决于相对误差最大的数据的位数。

例:$(0.0325 \times 5.103 \times 60.0)/139.8 = 0.0712(0.071179184)$

0.0325　　　　$(\pm 0.0001)/0.0325 \times 100\% = \pm 0.3\%$

5.103　　　　$(\pm 0.001)/5.103 \times 100\% = \pm 0.02\%$

60.06　　　　$(\pm 0.01)/60.06 \times 100\% = \pm 0.02\%$

139.8　　　　$(\pm 0.1)/139.8 \times 100\% = \pm 0.07\%$

$(0.0325 \times 5.10 \times 60.0)/140 = 0.0710 \pm 0.0002 /0.0710 \times 100\% = \pm 0.28\%$

显然第一个数的相对误差最大(有效数字为3位),应以它为准,将其他数字根据有效数字修约原则按保留3位有效数字处理,然后将结果相乘即可。

(三)自然数

在分析化学中,有时会碰到一些倍数和分数的关系,而化学计量关系中的分数和倍数之类的这些数往往并不是测量所得的,它们的有效数字位数可视为无限多位;如:

H_3PO_4 的相对分子量$/3 = 98.00/3 = 32.67$

水的相对分子量 $= 2 \times 1.008 + 16.00 = 18.02$

在这里,由于分母"3"和"2×1.008"中的"2"是非丈量所得到的数,是自然数,其有效数字位数可视为无穷。

关于pH、pK和lgK等对数值,其有效数字的位数仅取决于小数部分的位数,因为整数部分只与该真数中的10的方次有关。例如,pH $= 13.15$ 为两位有效数字,整数部分13不是有效数字。若将其表示成$[H^+] = 7.1 \times 10^{-14}$,就可以看出13的作用仅是确定了$[H^+]$在$10^{-14}$数量级上,其数学意义与确定小数点位置的"0"相同。

在滴定分析中,实验数据的记录只应保留一位可疑数字,结果的计算和数据处理均应按有效数字的计算规则进行。

在常见的常量分析中,一般是保留4位有效数字。但在水质分析中,有时只要求保留2位或3位有效数字,应视具体要求而定。

第四节　实验记录及报告格式

一、实验预习

在每一次实验之前，必须进行对有关实验的预习和文献的查阅，除应认真了解实验反应的类型、原理、方法和技术以外，还应了解掌握实验使用的各种试剂的理化性质、安全知识等。

二、实验记录和报告

做好实验记录和实验报告是每一位科研人员必备的基本素质。完成一项科学研究，离不开大量的实验工作及其所得的实验结果。客观地讲，每个实验的影响因素是具体和复杂的。而要想得到准确、可靠的实验结果，确保实验记录的详细规范是十分重要的。

实验记录必须规范、真实、即时、具体、有现象、有分析。实验记录有统一的要求和格式，且通常需要采用专用的实验记录本，实验记录内容应包括：实验时间、气候环境、具体的实验、原始的实验数据、实验操作步骤、后处理方法、实验现象、实验结果等。必须做到即时记录、真实记录、完整记录，决不能采用事后记录和随意用便纸记录的方法，否则，久而久之，易形成不良的实验习惯，影响研究工作科学性。

每次实验时，学生应按表1-2所列各项进行实验工作记录；如果实验指导老师认为有必要，可以另外增加栏目。

表1-2 实验工作记录项目

类型	项 目
预习部分	实验名称与日期
	实验简述(实验目标、实验原理等)
	物性数据(计算表达式等)
	实验操作流程示意图
报告部分	设备与试剂(规格批号、生产厂家等)
	实验观察与数据记录
	结果讨论

实验预习报告应包含"实验名称与日期""实验简述""物性数据"(或"理化数据")和"实验操作流程示意图"四部分内容。实验报告则应至少包含"设备与试剂""实验观察与数据记录""结果讨论"三部分。在实验报告的"实验观察与数据记录"中,应详细记载实验过程中观察到的各种现象,包括获品的熔点、沸点、性状、色泽、数量、化学分析与仪器分析数据等。在实验报告的"结果讨论"中,应分析影响实验的各种因素,并指出导致产品损失的可能途径。采用这种模式,既能严格要求学生认真做好实验前的预习,也可减少预习报告与实验报告间的信息重复。

对于每一项实验,实验参加者必须依次进行如下操作:

①认真阅读实验教材,在进行实验前完成"实验预习报告",报告提交实验指导教师审核批准后,方可进行实验。

②在实验中,必须按"实验原始记录"的基本格式和内容做好认真观察和记录(记录一般以书写为主,必要时也可以辅以其他记录形式如记录纸、自动采集和储存信息的计算机或工作站等)。

③实验完成后,应在对实验数据的认真分析的基础上给出实验结果,并在规定的时限内按"实验报告"的基本格式和内容提交相应的实验报告。

实验的预习及预习报告的提交是实验规范的基本要求,其与实验原始记录和实验报告三部分构成完整的实验内容。有关的各类报告和记录基本格式可参见如下。

实验预习报告

实验名称：_____

专业名称：_____ 班级：_____ 学生姓名：_____ 学号：_____

计划实验日期：_____ 实验地点：_____ 预习报告完成日期：_____

一、实验目标要求

二、实验原理及基本知识点

（包括本实验所需的基本物理性数据或理化数据、计算表达式、反应式）

三、实验试剂和仪器

（包括计划的操作流程示意图）

四、实验内容

（包括主反应、副反应）

实验原始记录

实验名称：_____

专业名称：_____ 班级：_____ 学生姓名：_____ 学号：_____

指导教师：_____ 实验日期：_____ 实验地点：_____ 室温：_____

实验开始时间：_____ 实验结束时间：_____

一、设备与试剂

（包括相应的规格、型号、批号用量等）

二、实验流程

三、实验操作及记录

表1-3 实验操作及记录

时间	操作	现象、具体数据及分析

实验报告

实验名称：_____

专业名称：_____ 班级：_____ 学生姓名：_____ 学号：_____

实验日期：_____ 实验地点：_____

一、实验操作及流程

（包括实际实施的操作过程及步骤等）

二、实验结果分析或数据处理

三、实验结论和讨论

四、思考题的回答和实验中应注意事项

五、评价自己在本次实验中的表现

第五节 实验文献检索与辅助软件

一、实验室需要常备的工具书

1. *The Merk Index*(《默克索引》)

该书为定期出版物,现由英国皇家化学会负责编撰。它收集了近 10000 种化合物(主要是有机化合物和药物)的性质、制法和用途信息。化合物按名称字母的顺序排列,冠有流水号,其所相关的重要的化学文摘名称以及可供选用的化合物名称、药物编码、商品名、化学式、分子量、文献、结构式、物理数据、标题化合物的衍生物的普通名称和商品名依次被列出。在"Organic Name Reactions"部分中,对在国外文献资料中以人名来称呼的反应做了简单的介绍。一般是用方程式来表明反应的原料和产物及主要反应条件,并指出最初发表论文的著作者和出处,同时将有关这个反应的综述性文献资料的出处一并列出,便于读者进一步查阅。此外,还专设一节介绍中毒的急救方法。书中以表格形式列出许多化学工作者经常使用的有关数学、物理常数和数据、单位的换算等。卷末有分子式和题索引。

2. *Lange's Handbook of Chemistry*(《兰氏化学手册》)

该书已有中文版。该书是一部资料齐全、数据翔实、使用方便,可供化学及相关科学工作者使用的单卷式化学数据手册,是两代作者花费了半个多世纪的心血搜集、编纂而成的。此书自 1934 年第 1 版问世以来,一直受到各国化学工作者的重视和欢迎,在国际上享有盛誉。最新版是第 17 版,该书内容包括有机化合物,通用数据,换算表和数学,无机化合物,原子、自由基和键的性质,物理性质,热力学性质,光谱学,电解质、电动势和化学平衡,物理化学关系,聚合物、橡胶、脂肪、油和蜡的性质及其他实用的实验室资料等。本书所列数据和命名原则均采用及遵循国际纯粹化学与应用化学联合会最新数据和规定。

3. *CRC Handbook of Chemistry and Physics* (《CRC 化学与物理手册》)

该书出版于 1913 年,因提供了准确、可靠和当时最新的化学物理数据资源,一经问世就填补了巨大的市场空白,并很快成为全世界化学、物理等领域研究人员不可或缺的标准参考书之一。

经过一百多年来多位专家的仔细审查及修订,该手册目前提供了有关化学化合物和所有物理粒子的属性数据,这些数据在各种文献中被广泛引用。此外,随着科学的进步发展,每年该手册的内容都会得到更新。在这么多年持续的修订下,《CRC化学与物理手册》早已成为全球无数科学家和实验室的案头参考书,成为学科经典。2021年夏天,本书的第102版隆重问世。

4. Perry's Chemical Engineers' Handbook(《佩里化学工程师手册》)

该书是一本在化学工程领域中具有广泛影响力的专业工具书。该手册由多名知名的化学工程师、学者和专家共同编写,旨在为从事化学工程领域的人员提供一份全面、实用且易于理解的参考资料。

手册内容覆盖了化学工程的各个领域,既有基础理论知识,也有实际的操作技术和应用方法,可满足化学工程师在日常工作中的多方面需求。

5. 化学试剂供应商的产品目录

主要的化学试剂产品目录包括Aldrich、Sigma、Fluka等公司的产品手册,这些产品手山均收录了相应产品的基本理化数据,如分子量、化学文摘服务社(chemical abstracts service,CAS)登录号、熔点、沸点、试剂规格和参考文献等。虽然相对于大型工具书而言,这些产品目录往往比较简单,但其胜在可免费获取,内容亦比较简单,能够满足实验室的简单使用要求。

二、网络资源

(1) SciFinder Scholar

SciFinder Scholar(https://www.cas.china.org)为美国化学学会(ACS)旗下的化学文摘服务社CAS所出版的 Chemical Abstract(《化学文摘》)的在线版数据库学术版。《化学文摘》是化学和生命科学研究领域中不可或缺的参考和研究工具,也是资料量最大、最具权威的出版物。网络版《化学文摘》SciFinder Scholar,更是整合了Medline医学数据库、欧洲和美国等近50家专利机构的全文专利资料以及化学文摘1907年至今的所有内容。它涵盖的学科包括应用化学、化学工程、普通化学、物理、生物学、生命科学、医学、聚合体学、材料学、地质学、食品科学和农学等。通过网络,用户可以直接查看《化学文摘》1907年以来的所有期刊文献和专利摘要，以及六千多万的化学物质记录和 CAS 注册号。

（2）药物在线

药物在线网站（https：//www.drugfuture.com/）是一个广泛、专业的药物信息提供平台。其聚焦于全球药物研发信息，为用户提供药物信息资讯、药物科学数据库、药物开发资源共享、专利信息检索下载等服务。

（3）化学加网

化学加网（https：//www.huaxuejia.cn）是一个专业的精细日用化工医药化学品电商交易平台，旨在为化学化工、医药日化领域的企业提供化学试剂购物商城、化工资讯报道和优质的化工原料讯息。

三、实验常用辅助软件

实验常用的辅助软件主要有化学结构式（包括化学反应方程式、化工流程图、简单的实验装置图等）的绘制软件，如 ChemOffice Professional 2022 中的 ChemDraw22、KnowItAll 2022 中的 Chem Window、ChemSketch2022 等。数据处理方面常用的通用型的软件有 Origin V10 SigmaPlot14、MiniTab21 和 MATLAB 等，可以根据需要对实验数据进行数据处理，统计分析，傅里叶变换，t - 检验、线性及非线性拟合，二维及三维图形如散点图、条形图、折线图、饼图、面积图、等高线图等图像的绘制。

第二章 化学药物的合成

实验一 盐酸二甲双胍的合成

一、实验目的

(1) 了解加成反应操作的基本知识。
(2) 了解盐酸二甲双胍合成的基本知识。
(3) 掌握玻璃夹套反应釜的基本操作。

二、实验原理

盐酸二甲双胍(metformin hydrochloride)是治疗非胰岛素依赖糖尿病的一线药物,有研究发现其具还有多种潜在活性。盐酸二甲双胍的合成路线如图2-1所示。

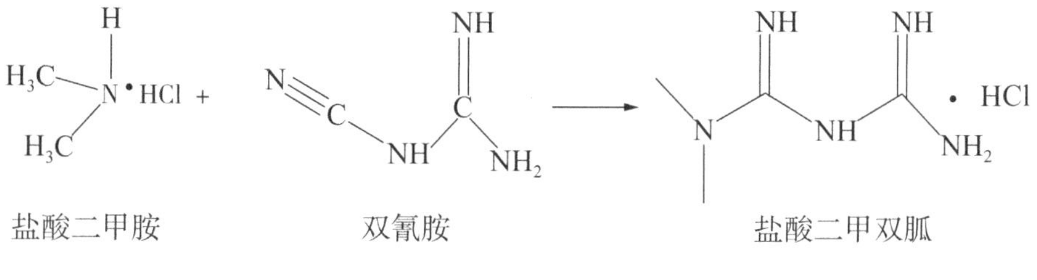

图2-1 盐酸二甲双胍的合成路线

盐酸二甲双胍为白色结晶性粉末,无臭。本品在水中易溶,在甲醇中溶解,在乙醇中微溶,在氯仿或乙醚中不溶;熔点为220~225℃。

盐酸二甲双胍工业化的生产质量控制要点是产品中双氰胺的含量低于0.02%，三聚氰胺低于0.1%。

三、实验试剂与仪器

试剂：盐酸二甲胺、双氰胺、异戊醇、磷酸二氢铵、乙醇、活性炭（若未作特殊标明，试剂均为分析纯，下同）。

仪器：2L玻璃夹套反应釜、恒温循环油浴、电子天平、真空过滤玻璃漏斗、循环水真空泵、电热真空干燥箱、高效液相色谱仪、磺酸基阳离子交换键合硅胶柱、紫外检测器、回流冷凝装置等。

四、实验步骤

（1）向2 L玻璃夹套反应釜中加入500 mL异戊醇、74 g双氰胺（1 mol）、90 g盐酸二甲胺（1.1 mol），安装回流冷凝管，开启搅拌。

（2）以10℃/min的速度将反应升温到110℃，然后改用35℃/min的速度升温到异戊醇开始回流。双氰胺的加成反应通常在120℃以上的温度下发生，且放热量较大，故应控制加热强度，确保平稳回流。

（3）持续反应，因盐酸二甲双胍的极性强，在常见的有机溶剂中溶解度较低，反应生成的盐酸二甲双胍会在加热的溶液中直接析出。

（4）反应降温至40℃以下，从反应釜底阀出料，减压过滤，用少量乙醇洗涤滤饼，得到盐酸二甲双胍粗品。回收异戊醇，经处理后待用。

（5）称取盐酸二甲双胍粗品，以质量为粗品三倍的纯水为溶剂，加热到70℃，确保盐酸二甲双胍基本溶解，然后加入活性炭脱色，升温至70℃并保温20 min，压滤。将滤液冷却至室温，析晶，过滤。将结晶体降温至70℃以下后进行真空干燥，得到盐酸二甲双胍成品。

（6）对盐酸二甲双胍及其双氰胺杂质的含量分析，可以使用高效液相色谱仪（HPLC）来完成。选用磺酸基阳离子交换键合硅胶柱、3.4%磷酸二氢铵溶液（用磷酸调pH值至2.5）为流动相，使用紫外检测器，检测波长分别为233 nm和218 nm。试样采用流动相溶解。

五、注意事项

(1) 本实验反应时间较长，通常需要加热回流 6 h 以上，且加成反应于 120 ℃ 左右温度下诱发后放热量较大，故需要仔细控制加热强度，防止暴沸冲料。

(2) 盐酸二甲双胍工业化生产中使用的加成反应溶剂还有 DMF、环己醇等。结晶精制溶剂还有乙醇—水、甲醇等体系。

六、实验结果与讨论

(1) 记录实验条件、过程、各试剂用量。
(2) 计算盐酸二甲双胍的理论产量和实际收率。

七、思考题

(1) 请比较加成反应工序中使用 DMF、环己醇、异戊醇为溶剂时各自的优缺点。
(2) 加成反应中如果进行工艺放大，其所用换热器在设计上应该注意什么？

实验二 贝诺酯的合成

一、实验目的

(1) 通过乙酰水杨酰氯的制备，了解氯化试剂的选择及操作中应注意的事项。
(2) 通过本实验了解拼合原理在药物结构修饰方面的应用。
(3) 掌握贝诺酯制备过程中所产生的有害气体的回收方法。

二、实验原理

贝诺酯(Benorglate),是一种有机化合物,化学式为 $C_{17}H_{15}NO_3$,为新型解热镇痛抗炎药,由扑热息痛(对乙酰氨基酚)和阿司匹林(2-乙酰氧基苯甲酸)基于拼合原理而制成。阿司匹林系酸性物质,可引起胃肠道反应,严重时可致胃肠道出血。利用扑热息痛的酚羟基在碱性条件下与之形成酯,既可保留两者原有作用,又可利用协同作用,使副反应减小。

氯化亚砜是制备酰氯常用而有效的试剂。

阿司匹林与氯化亚砜在少量吡啶下进行羧羟基的卤置换反应生成2-乙酰氧基苯甲酰氯。扑热息痛在氢氧化钠作用下生成盐,再与2-乙酰氧基苯甲酰氯进行肖顿-鲍曼(Schotten-Baumann)缩合酯化反应,生成2-乙酰氧基苯甲酸4-乙酰胺基苯酯(扑炎痛)。其合成路线如图2-2所示。

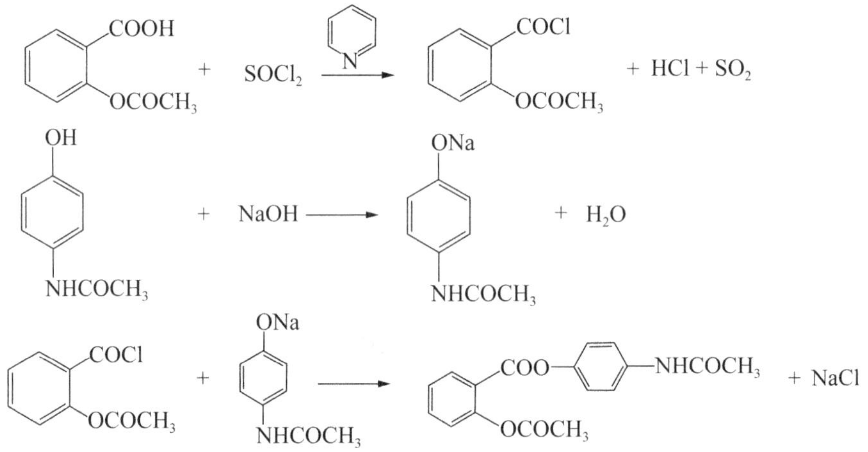

图2-2 贝诺酯的合成路线

三、实验试剂与仪器

试剂:阿司匹林、氯化亚砜、丙酮、吡啶、扑热息痛、乙酰水杨酰氯、氢氧化钠、95%乙醇、活性炭、氯化钙等。

仪器:球形冷凝器、四口圆底烧瓶、加热套、锥形瓶、温度计、漏斗、抽滤瓶、水循环式真空泵等。

四、实验步骤

1. 乙酰水杨酰氯的制备

在干燥的 100 mL 四口烧瓶中依次加入吡啶 2 滴、阿司匹林 10 g、氯化亚砜 5.5 mL。迅速盖上瓶塞和球形冷凝器(顶端附有氯化钙干燥管等尾气吸收装置),用加热套慢慢加热至 70 ℃(20 min 左右),维持浴温 70 ℃±2 ℃,反应 1.5～2 h,冷却,将液体倾入干燥的 50 mL 锥形瓶中,加无水丙酮 10 mL 混匀,密封备用。

2. 贝诺酯的制备

在装有搅拌及温度计的 100 mL 四口烧瓶中依次加入扑热息痛 5 g、水 25 mL。用冰水浴冷却至 10 ℃ 左右,在搅拌下滴加氢氧化钠(20%)溶液,调 pH 值至 10～11(可用滴管滴加)。加毕,在 8～12 ℃ 之间,在强烈搅拌条件下慢慢滴加上步实验制得的 1/2 乙酰水杨酰氯丙酮溶液(在 30 min 左右滴加完)。调 pH≥10,控制温度在 8～12 ℃ 之间,反应 1～1.5 h。然后抽滤,水洗至中性,得贝诺酯粗品。

3. 贝诺酯的精制

将粗品贝诺酯的 2/3(8 g)(如粗品量少,可按实际量加入 6～8 倍 95% 乙醇)加入装有冷凝器的 250 mL 四口烧瓶中,加入 6～8 倍约 50 mL 95% 的乙醇,在水浴上加热溶解,稍冷后加活性炭脱色(活性炭用量视粗品颜色而定),加热回流 30 min,趁热抽滤(漏斗、抽滤瓶应预热),待滤液自然放冷,结晶完全析出,再次抽滤,用少量乙醇洗涤两次(母液回收),干燥,测熔点(纯贝诺酯熔点 174～178 ℃),计算收率。

五、注意事项

(1)制备乙酰水杨酰氯时所用仪器均需干燥,加热时不能用水浴。
(2)阿司匹林原料需经 60 ℃ 下干燥 4 h 处理才可被使用。
(3)吡啶用量不能过多,制得的酰氯不能久置。
(4)在贝诺酯的制备中,反应体系要保持 pH≥10。

六、实验结果与讨论

(1)记录实验条件、过程,记录各试剂用量。
(2)计算贝诺酯的理论产量和实际收率。

七、思考题

(1)乙酰水杨酰氯的制备中,操作上应注意哪些事项?为什么?
(2)贝诺酯的制备为什么采用的是先制备对乙酰氨基酚钠,再与水杨酰氯进行酯化的方法而不是直接进行酯化?

实验三 盐酸普鲁卡因的合成

一、实验目的

(1)通过了解局部麻醉药盐酸普鲁卡因的合成过程,学习酯化、还原等单元反应。
(2)掌握利用水和二甲苯共沸脱水的原理进行羧酸的酯化操作。
(3)掌握水溶性大的盐类进行分离及精制的方法。

二、实验原理

盐酸普鲁卡因,是一种有机化合物,化学式为 $C_{13}H_{21}ClN_2O_2$,是一种局部麻醉药,作用于外周神经以产生传导阻滞作用,依靠浓度梯度以弥散方式穿透神经细胞膜,在内侧阻断钠离子通道,使神经细胞兴奋阈值升高而丧失兴奋性和传导性,从而使信息的传递被阻断,具有良好的局部麻醉作用。盐酸普鲁卡因为白色结晶或结晶性粉末,无臭。

本品在水中易溶,在乙醇中略溶,在三氯甲烷中微溶,在乙醚中几乎不溶。

三、实验试剂与仪器

试剂:对硝基苯甲酸、β-二乙胺基乙醇、二甲苯、氢氧化钠、铁粉、盐酸、饱和硫化钠、食盐、保险粉、乙醇、活性炭、广泛 pH 试纸。

仪器:磁力加热定时搅拌器、温度计、分水器、回流冷凝器、三口烧瓶、锥形瓶、真空水泵、布氏漏斗、抽滤瓶、滤纸、硅油、蒸馏水、小烧杯、红外灯、熔点测定仪。

四、实验步骤

(一) 对硝基苯甲酸-β-二乙胺基乙醇(俗称硝基卡因)的制备

在装有温度计、分水器及回流冷凝器的 500 mL 三口烧瓶中[附注(1)]投入对硝基苯甲酸、β-二乙胺基乙醇、二甲苯及止爆剂,油溶加热至回流(注意控制温度,油溶温度约为 180℃,内温约为 145℃),共沸带水 6 h[附注(2)]。撤去油溶,稍冷,倒入 250 mL 锥形瓶中,放置冷却,析出固体[附注(3)]。将上清液用倾泻法倒入减压蒸馏瓶中,水泵减压蒸除二甲苯。残留物以 140 mL 的 3% 盐酸溶解,并与锥形瓶中的固体合并,用布氏漏斗过滤,除去未反应的对硝基苯甲酸[附注(4)],滤液(含硝基卡因)供下步还原反应使用。具体的盐酸普鲁卡因合成路线如图 2-3 所示。

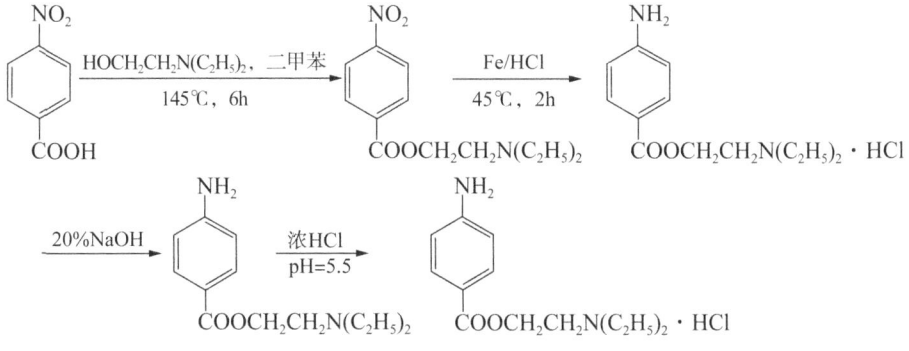

图 2-3 盐酸普鲁卡因合成路线

附注：

（1）羧酸和醇之间的酯化反应是一个可逆反应，反应达到平衡时，所生成酯的量比较少（约65.2%），为使平衡向右移动，须向反应体系中不断加入反应原料或不断除去生成物。本反应利用二甲苯和水形成共沸混合物的原理，将生成的水不断除去，从而打破平衡，使酯化反应趋于完全。由于水的存在将对反应产生不利影响，故实验中所用的药品应事先经干燥处理。常用的共沸脱水体系如表2-1所示。

表2-1 常用的共沸脱水体系

组分A		组分B		共沸混合物	
名称	沸点/℃	名称	沸点/℃	A组分重量	共沸沸点/℃
水	100.00	苯	80.20	8.83	69.25
水	100.00	甲苯	110.70	13.50	84.10
水	100.00	二甲苯	139.00	35.80	92.00
水	100.00	氯苯	131.80	28.40	90.20
水	100.00	硝基苯	210.85	88.00	98.60
水	100.00	乙苯	136.20	33.00	92.00

（2）考虑到教学实验的实际需要和可能，将分水反应时间定为6 h，若延长反应时间，收率尚可提高。

（3）也可不经放冷，直接蒸去二甲苯，但蒸馏至后期，反应体系中固体增多，甚至堵塞毛细管，影响操作的顺利进行。回收的二甲苯可以套用。

（4）应除尽对硝基苯甲酸，否则影响产品质量。回收的对硝基苯甲酸经处理后可以套用。

（二）对硝基苯甲酸-β-二乙胺基乙醇酯的制备

将上步得到的滤液转移至装有搅拌器、温度计的500 mL三口烧瓶中，搅拌条件下用20%氢氧化钠调节溶液pH至4.0～4.2。充分搅拌下，于25℃分次加入经活化的铁粉47.0 g[附注(1)]，反应温度自动上升[附注(2)]，注意控制温度，使其不超过70 ℃（必要时可冷却）。待铁粉加毕，于40～45℃保温反应2 h。抽滤滤渣以少量的水进行两次水洗，滤液用稀盐酸酸化至pH为5。滴加饱和硫化钠溶液至pH为7.8～8.0，对沉淀反应液中的铁盐进行抽滤处理，滤渣以少量的水洗涤两次，再用稀盐酸酸化至pH=6[附注(3)]。加少量活性炭，于50～

60 ℃保温 10 min 后抽滤,滤渣以少量水水洗一次,将滤液冷却至 10℃以下,用 20% 氢氧化钠碱化至普鲁卡因全部析出为止(pH=9.5～10.5),过滤、抽干,得普鲁卡因,供下一步成盐用。

附注:

(1)活化铁粉的目的是除去其表面的铁锈,其方法为:取铁粉 47 g,加水 10 mL、浓盐酸 0.7 mL,加热至微沸,用水倾泻法洗至近中性,置水中保存待用。

(2)反应系放热反应,铁粉应分次加入,以免反应过于激烈。加入铁粉后体系温度自然上升。铁粉加毕后,待其温度降至 45 ℃进行保温反应。在反应过程中,铁粉参加反应,有绿色沉淀[$Fe(OH)_3$]生成。

(3)因除铁时,溶液中有过量的硫化钠存在,加酸后可使其形成胶体硫,加活性炭过滤,便可将其除去。

(三)盐酸普鲁卡因的制备

1. 成盐

将上步所得普鲁卡因置于小烧杯中[附注(1)],慢慢滴加盐酸至 pH=5.5[附注(2)],加热至 60℃,加精制食盐至饱和。升温至 60℃,加入适量保险粉(盐基的 1%)[附注(3)],再加热至 65～70℃,趁热过滤,滤液冷却结晶,待冷至 10℃以下,过滤即得盐酸普鲁卡因粗品。

2. 精制

将上步粗品置于洁净的小烧杯中,滴加蒸馏水至维持在 70℃时恰好溶解,加入适量的保险粉,于 70℃保温反应 10 min,趁热过滤,滤液自然冷却。当有结晶析出时,用冰浴继续冷却,使结晶完全。过滤,滤饼用少量冷乙醇洗涤两次,在红外灯下干燥,得盐酸普鲁卡因成品,记录产量。测产物熔点,文献参考值为 153～157℃,计算总收率(以对硝基苯甲酸计)。

附注:

(1)因盐酸普鲁卡因水溶性很大,其所用仪器必须干燥,用水量应严格控制,否则影响收率。

(2)严格控制体系中 pH=5.5,以免芳胺基成盐。

(3)保险粉为强还原剂,可防止芳胺基氧化,同时可除去有色杂质,以保证产品色泽洁白,用量应精准,若用量过多,将使成品含硫量不合格。

五、实验结果与讨论

记录实验条件、过程，记录各试剂用量，计算各步收率。

六、思考题

（1）水和二甲苯共沸脱水的原理是什么？
（2）盐酸普鲁卡因的制备中，加入保险粉的作用是什么？

附：预习要求

（1）预习有机化学中有关酯类化合物的合成方法，结合本实验，比较各方法之间的优缺点。
（2）预习有机化学中硝基还原制备氨基的反应，结合本实验，思考为何选择用铁粉进行还原。
（3）预习铁粉还原反应的有关反应机理和实验注意事项。
（4）预习用硫化钠除铁，以及用盐酸除硫的原理。
（5）预习课本中有关普鲁卡因合成的原理、盐酸普鲁卡因的性质及分解产物。

实验四　牛磺酸的合成

一、实验目标

（1）掌握牛磺酸的制备方法。
（2）了解氨基的 N–烷基化方法，以及相转移催化剂在有机合成中的应用。

二、实验原理

牛磺酸（taurine），化学名为 2–氨基乙磺酸，化学式为 $C_2H_7NO_3S$，是一种非蛋白质氨基酸,是人体必需的重要氨基酸之一,也是名贵中药"牛黄"的重要组成成分。牛磺酸可广泛应用于医药、食品添加剂、荧光增白剂、有机合成等领域,也可用作生化试剂、湿润剂、pH 缓冲剂等。

牛磺酸主要分布于动物组织细胞内,鱼贝类中的含量尤为丰富,通常可从牛胆汁中分离。但是这些原料较分散、量少,远不能满足人们需要。牛磺酸在工业生产上大部分是由 2-氨基乙醇经如下两步磺化所制备得到的:

$$H_2NCH_2CH_2OH + SO_3 \longrightarrow H_2NCH_2CH_2OSO_3H$$

$$H_2NCHCH_2OSO_3H + Na_2SO_3 \longrightarrow H_2NCH_2CH_2SO_3H + Na_2SO_4$$

三、实验试剂与仪器

试剂:乙醇胺、浓硫酸、浓盐酸、甲苯、碳酸钠、无水乙醇、亚硫酸钠等。

仪器:玻璃回流反应装置、玻璃分水器、烧杯、量筒、玻璃棒、电炉、布氏漏斗、真空泵、恒压滴液漏斗、吸滤瓶、分液漏斗、显微熔点仪、电动搅拌器、低速离心机等。

四、实验步骤

(1) 将 0.25 mol 乙醇胺加入装有温度计、电动搅拌器、恒压滴液漏斗并处于冰浴环境的 250 mL 三口烧瓶中,在剧烈搅拌下由滴液漏斗向三口烧瓶滴加 0.275 mol 98% 的浓硫酸,保持瓶内溶液温度为 10 ℃,直至硫酸滴加完毕。然后,撤去冰浴,往瓶中加入 40 mL 甲苯,装上分水器,加热回流反应至瓶中无水分为止,蒸出甲苯,产物经乙醇洗涤、抽滤、干燥后,称重,产率为 98%。测定产品熔点,文献参考值为 277~279℃(分解)。

(2) 将 0.1 mol 的 2-氨基乙醇硫酸酯置于装有回流装置、电动搅拌器、温度计、恒压滴液漏斗的 250 mL 四口烧瓶中,加入 20 mL 蒸馏水,用饱和 Na_2CO_3 溶液调节上述产物至中性,待用。将 1.13 mol 的 Na_2SO_3 及 250 mL 的 H_2O 盛装在圆底烧瓶中,加热,开启搅拌器,从回流冷凝管上端分批加入酯化产物。回流反应 30 h。

(3) 将牛磺酸等物质的混合溶液进行减压蒸馏,使牛磺酸在高温(92℃)下处于接近饱和的状态,而溶液中的 Na_2SO_4、Na_2SO_3 呈晶体析出。趁热过滤,得滤液。滤液冷却至 28℃,牛磺酸析出,过滤,得牛磺酸粗品。

(4)将粗品倒入小烧杯,加入适量浓盐酸(每克牛磺酸约含 6 mL 浓盐酸),搅拌使牛磺酸全部溶解,然后抽滤。将滤液减压浓缩至底部有少许固体析出,室温冷却,加入和所剩溶液体积相当的无水乙醇。烧杯封口后放入冰箱,结晶完全后抽滤,得白色结晶精品。测定产品熔点,文献参考值为319～320℃。

五、实验结果与讨论

(1)记录实验条件、过程、各试剂用量及产品的质量(熔点)。
(2)计算2-氨基乙醇硫酸酯和牛磺酸的理论产量和实际得率。

六、思考题

(1)本实验中如何抑制硫酸酯水解的副反应?
(2)在牛磺酸分离纯化过程中,也可以先使硫酸盐和亚硫酸盐沉淀除去,再将牛磺酸与氯化钠进行分离。请依据氯化钠的溶解特性设计工艺流程并作简要解释。

实验五 苯妥英钠的合成

一、实验目的

(1)熟悉安息香缩合反应、乙内酰脲环合反应和相关操作。
(2)掌握苯妥英钠化合物的制备方法。
(3)掌握并理解苯妥英钠的分离、精制等技术。

二、实验原理

苯妥英钠(Phenytoin Sodium)为抗癫痫药,抗心律失常药。化学名为5,5-二苯基乙内酰脲钠，又名大伦丁钠（Dilantin Sodium）。本品为白色粉末，无臭，微有吸湿性，在空气中渐渐吸收二氧化碳，分解成苯妥英，水溶液显碱性反应，常因部分水解而呈现浑浊状态。本品在水中易溶，在乙醇中溶解，在三氯甲烷或乙醚中几乎不溶。

苯妥英钠的合成通常以二苯乙二酮为原料，使其在碱性醇液中与脲缩合重排而制得。苯妥英钠易溶于水，无色、微苦，熔点 295～298℃。苯妥英钠的合成反应路线如图 2-4 所示。

图 2-4 苯妥英钠的合成反应路线

三、实验试剂与仪器

试剂：维生素 B_1（V_{B1}）、95% 乙醇、苯甲醛、二苯乙醇酮、二苯乙二酮、硝酸、氢氧化钠、脲、活性炭、二氯化汞、蒸馏水。

仪器：电子天平、三口烧瓶、回流冷凝管、尾气吸收装置、烘箱、布氏漏斗、抽滤瓶、水循环式真空泵、温度计、电热套、量筒、锥形瓶。

四、实验步骤

1. 二苯乙醇酮的制备

于三角瓶中加入 V_{B1} 8.1 g、蒸馏水 30 mL、95% 乙醇 60 mL，不断摇动，待 V_{B1} 溶解，加入 2 mol/L 的 NaOH 22.5 mL，充分摇动，加入新蒸馏得到的苯甲醛 22.5 mL，放置 3～5 d。抽滤得淡黄色结晶，用冷水洗涤，得二苯乙醇酮粗品。

2. 二苯乙二酮的制备

将 12 g 二苯乙醇酮、28 mL 硝酸溶液置于 100 mL 或 250 mL 三口烧瓶中，装上回流冷凝管及尾气吸收装置（反应中产生 NO_2 气体可用导气管导入 NaOH 溶液中吸收),加热至110~115℃,使液体回流,待反应液上下两层基本澄清后(大约历经2 h),趁热倒入40 mL水中,抽滤,用水洗至中性,放入烘箱干燥得二苯乙二酮。测产物熔点,纯二苯乙二酮溶点文献参考值为95℃。

3. 苯妥英钠的制备

在装有温度计、搅拌、回流冷凝管的100 mL或250 mL三口烧瓶中,加入8 g二苯乙二酮,40 mL 50%的乙醇、2.8 g脲及24 mL 20%的氢氧化钠。开动搅拌器,加热回流30 min。将反应液倒入240 mL沸水中,加入少许活性炭,煮沸10 min,放冷抽滤。滤液用10%盐酸调至pH=6,放置至晶体析出,抽滤,用少量水洗,得苯妥英钠粗品。

将粗品悬浮于4倍水中,水浴上温热至40℃,搅拌条件下逐渐滴加20%的氢氧化钠至其全溶,加入活性炭少许,加热5 min,趁热抽滤,滤液加氯化钠至饱和。放置冷却,析出结晶,抽滤,用少量冰水洗涤,干燥得苯妥英钠,称重,计算收率。

4. 产品的鉴别

性状:苯妥英钠为白色粉末;无臭、味苦;微有吸湿性,在空气中逐渐吸收二氧化碳,从而分解成苯妥英。

鉴别方法:取本品约0.1 g,加2 mL水溶解后,加二氯化汞试液数滴,即发生白色沉淀,该沉淀在氨试液中不溶。

五、思考题

(1)安息香缩合的反应液,为什么自始至终要保持微碱性?
(2)二苯乙二酮与脲在碱性条件下催化缩合而生成乙内酰脲的反应机理是?

实验六 维生素K_3的制备

一、实验目的

(1)熟悉氧化反应、加成反应的原理。
(2)掌握本实验中氧化反应、加成反应的特点,熟悉操作过程。
(3)掌握维生素K_3的制备方法。

二、实验原理

维生素 K，又称凝血维生素，在临床上属于促凝血药，可以用于治疗维生素 K 缺乏所引起的出血性疾病，如新生儿出血及低凝血酶原血症等。维生素 K 是一类萘醌类衍生物，包括维生素 K_1、K_2、K_3、K_4 等几种形式，其中维生素 K_1、K_2 是天然存在的，属于脂溶性维生素；而维生素 K_3、K_4 是通过人工合成的，是水溶性的维生素。四种维生素 K 的化学性质都较稳定，能耐酸、耐热，正常烹调中只有很少损失，但对光敏感，也易被碱和紫外线分解。

因 2 位甲基存在超共轭效应，β-甲基萘中甲基所在环的电子云密度较高。在温和的条件下，β-甲基萘可被铬酸（一般用三氧化铬的醋酸水溶液或重铬酸盐的稀盐酸溶液）氧化，形成甲萘醌。2，3 位双键再与亚硫酸氢钠加成，即得维生素 K_3。维生素 K_3 的合成路线如图 2-5 所示。

图 2-5 维生素 K_3 合成路线

三、实验试剂与仪器

试剂：β-甲基萘、重铬酸钠、浓硫酸、丙酮、亚硫酸氢钠、95% 乙醇、蒸馏水。

仪器：电子天平、搅拌机、搅拌棒、恒温水浴锅、三口烧瓶、球形冷凝管、抽滤瓶、布氏漏斗、滴液漏斗、锥形瓶、量筒。

四、实验步骤

1. 甲萘醌的制备

在附有搅拌机、恒温水浴锅、冷凝管、滴液漏斗的容量为 250 mL 三口烧瓶中，加入 β-甲基萘 2.5 g，丙酮 7 mL，搅拌至溶解。将 12.5 g 重铬酸钠溶于 19 mL 水中，与 15 g 或 8 mL 的浓硫酸混合后，在温度为 40℃ 以下的条件下慢慢滴加至三口烧瓶中，滴加完毕后，于 40℃ 反应 40 min，然后将水浴温度升至 60℃ 反应

1.5 h。趁热将反应物倒入 100 mL 水中，使甲萘醌完全析出，抽滤。结晶用水洗涤三次，压紧，抽干。

2. 维生素 K_3 的粗制

安装完恒温水浴、搅拌装置、250 mL 三口烧瓶、冷凝管后，向反应瓶中加入 2.5 mL 水和 1.55 g 亚硫酸氢钠，搅拌使其溶解。加入湿的甲萘醌，于水浴 38～40℃搅拌均匀，再加入 4～8 mL 95% 的乙醇，搅拌反应 45 min，待反应完全（这时取反应液少许滴加纯化水中能完全溶解），再加入 4 mL 95% 的乙醇，搅拌 30 min，冷却 10℃以使结晶析出，过滤。结晶用少许冷乙醇洗涤，抽干，得维生素 K_3 粗品。

3. 维生素 K_3 的精制

将维生素 K_3 粗品放入锥形瓶中，加 4 倍量 95% 的乙醇及 0.2 g 的亚硫酸氢钠，在 70℃以下溶解，加入粗品量 1.5% 的活性炭。水浴 68～70℃下保温脱色 15 min，趁热过滤，滤液冷至 10℃以下，结晶析出，过滤所得结晶，用少量冷乙醇洗涤，抽干，于 70℃以下干燥，得维生素 K_3 纯品。测试产物熔点，文献参考值为 105～107℃。

五、注意事项

（1）药物合成中常采用氧化剂 $K_2Cr_2O_7$ 和浓 H_2SO_4 将酚、芳胺及多环芳烃氧化成醌。但因为 $K_2Cr_2O_7$ 的溶解度较小，可用 $Na_2Cr_2O_7$ 来代替。所以本实验采用 $Na_2Cr_2O_7$ 作为氧化剂。在氧化过程中必须注意温度的控制，温度过高，氧化剂局部浓度过大，将导致氧化的进一步反应，引起侧链氧化甚至环的断裂，使产率降低。

（2）第二步加成反应中，温度的控制也很重要，体系温度不能超过 40℃，因为加成后的产物维生素 K_3 在光和热的作用下，会引起降解转化。

（3）最后的重结晶过程中，要在乙醇中加入少许亚硫酸氢钠，因为溶液中存在下列平衡过程：

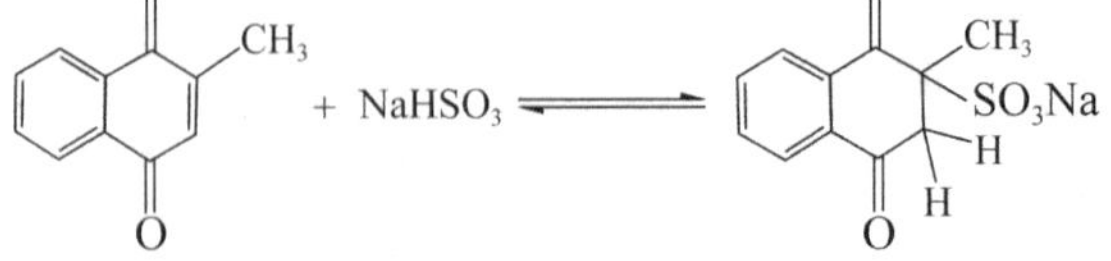

图 2-6

酸、碱或空气中的氧都会使亚硫酸氢钠分解，从而使平衡被破坏，2-1,4-萘醌析出，产率降低。

六、实验结果与讨论

(1) 记录实验条件、过程，计算维生素 K_3 的收率，测试原料和产物的熔点。
(2) 记录反应的现象，并对反应现象进行解释。

七、思考题

(1) 药物合成中常用的氧化剂有哪些？本反应中的硫酸与重铬酸钠属于哪种类型的氧化剂？
(2) 氧化反应和加成反应中为什么要控制温度？温度高了对产品有什么影响？
(3) 重结晶过程中，为什么要在95%乙醇中加入少许的亚硫酸氢钠？

实验七　(±)-苯乙醇酸的合成和拆分

一、实验目的

(1) 掌握(±)-苯乙醇酸的制备原理和方法。
(2) 熟悉相转移催化合成的基本原理和技术。
(3) 巩固萃取及重结晶的操作技术。
(4) 了解酸性外消旋体的拆分原理和实验方法。

二、实验原理

苯乙醇酸(学名)(俗名为扁桃酸 mandelic acid，又称苦杏仁酸)可作医药中间体，用于合成环扁桃酸酯、扁桃酸乌洛托品及阿托品类解痛剂；也可用作铜和锆的测定试剂。

本实验利用氯化苄基三乙基铵作为相转移催化剂，将苯甲醛、氯仿和氢氧化钠置于同一反应器中进行混合，通过卡宾加成反应直接生成目标产物。需要指出的是，用化学方法合成的扁桃酸是外消旋体，只有通过手性拆分才能获得对映异构体。

手性拆分是一种化学技术，可用于将外消旋混合物中的两种对映异构体分离成单一对映体。手性拆分的方法主要包括物理拆分法、化学拆分法和生物拆分法。物理拆分法：利用对映异构体在物理性质上的差异，如溶解度、熔沸点、密度等，通过物理手段将对映异构体进行分离。这种方法需要现代化的仪器设备，如色谱技术（如超临界流体色谱、高效液相色谱、高速逆流色谱等）。化学拆分法：使用一个纯的光活性异构体与外消旋混合物反应，生成非对映体，然后通过结晶或其他分离技术将对映异构体进行分离。生物拆分法：利用生物酶的特异性识别能力，将对映异构体进行分离。这种方法涉及对生物酶的综合应用。本实验采用的是化学拆分法。

苯乙醇酸的合成路线如图2-7所示。

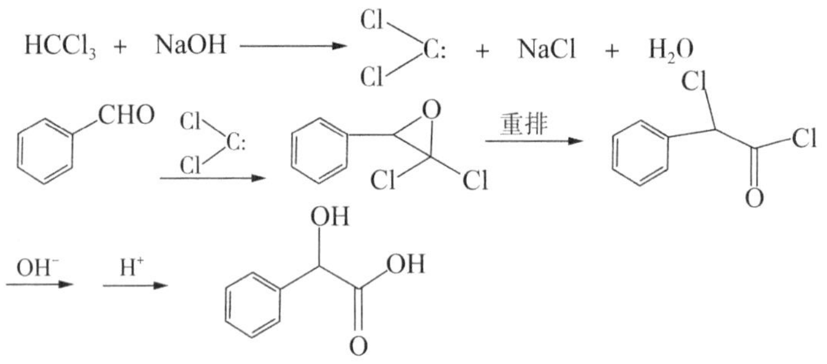

图2-7 苯乙醇酸的合成路线

反应中用氯化苄基三乙基铵作为相转移催化剂，主要机理如图2-8所示。

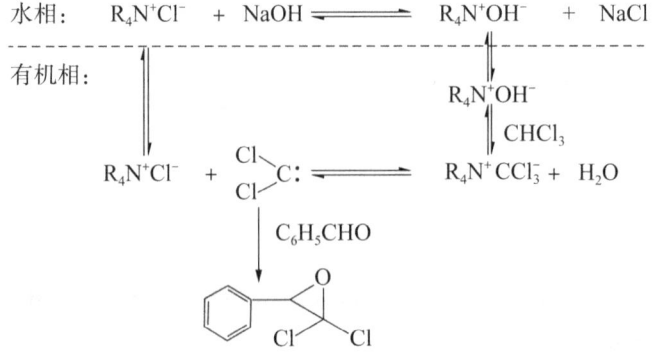

图2-8 相转移催化剂反应机理

通过一般化学方法合成的苯乙醇酸只能得到外消旋体。由于(±)-苯乙醇酸是酸性外消旋体,故可以用碱性旋光体做拆分剂,一般常用(-)-麻黄碱。拆分时,(±)-苯乙醇酸与(-)-麻黄碱反应形成两种非对映异构的盐,进而可以利用其物理性质(如:溶解度)的差异对其进行分离。(±)-苯乙醇酸与(-)-麻黄碱主要分离过程如图2-9所示。

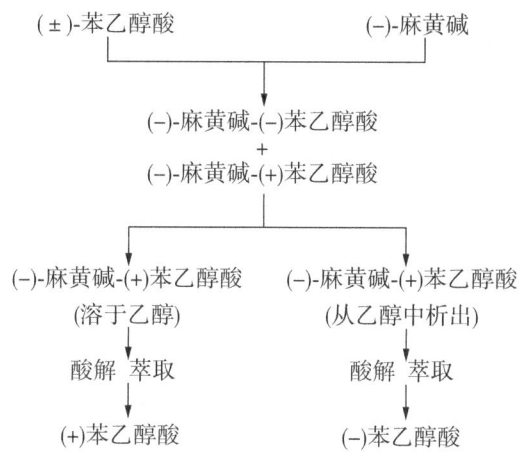

图2-9 (±)-苯乙醇酸与(-)-麻黄碱分离过程示意图

三、实验试剂与仪器

试剂:苄氯、三乙胺、苯、苯甲醛、氯仿、氢氧化钠、乙醚、无水硫酸镁、盐酸麻黄碱、无水乙醇、盐酸。

仪器:数字熔点仪、自动旋光仪、回流冷凝装置、圆底烧瓶、抽滤瓶、布氏漏斗、循环水式真空泵、电子天平、烧杯、滴液漏斗和温度计等。

四、实验步骤

(一) 苯乙醇酸的合成

(1) 依次向25 mL圆底烧瓶中加入3 mL苄氯、3.5 mL三乙胺、6 mL苯,再加入几粒沸石后,加热回流1.5 h,后冷却至室温,氯化苄基三乙基铵即呈晶体形态析出,减压过滤后,将晶体放置在装有无水氯化钙和石蜡的干燥器中备用。

(2)在 250 mL 三口烧瓶上配置搅拌器、冷凝管、滴液漏斗和温度计。依次加入 2.8 mL 苯甲醛、5 mL 氯仿和 0.35 g 氯化苄基三乙基铵,水浴加热并搅拌。当温度升至 56℃时,开始通过滴液漏斗加入 35 mL 30% 的氢氧化钠溶液,滴加过程中保持反应温度在 60~65℃,约 20 min 滴毕,继续搅拌 40 min,反应温度控制在 65~70℃。反应完毕后,用 50 mL 水将反应物稀释并转入 150 mL 的分液漏斗中,分别用 9 mL 乙醚连续萃取两次,合并醚层;用硫酸酸化水调至 pH = 2~3,再分别用 9 mL 乙醚连续萃取两次,合并所有醚层并用无水硫酸镁干燥;水浴下蒸除乙醚即得扁桃酸粗品。将粗品置于 25 mL 烧瓶中,加入少量甲苯,回流。沸腾后补充甲苯至晶体完全溶解,趁热过滤,静置母液待晶体析出后进行过滤。称重,并测试熔点。(±)-苯乙醇酸的熔点文献参考值为 120~122℃。

(二) 拆分

(1)麻黄碱的制备:称取 4 g 市售盐酸麻黄碱,用 20 mL 水溶解,过滤后在滤液中加入 1 g 氢氧化钠,使溶液呈碱性。然后用乙醚对其萃取三次(3×20 mL),醚层用无水硫酸钠干燥,蒸除溶剂,即得(−)-麻黄碱。

(2)非对映体的制备与分离:在 50 mL 圆底烧瓶中加入 2.5 mL 无水乙醚、1.5 g(±)-苯乙醇酸,使其溶解。缓慢加入(−)-麻黄碱乙醇溶液(由 1.5 g 麻黄碱与 10 mL 乙醇配成),在 85~90℃的水浴中回流 1 h。回流结束后,冷却混合物至室温,再用冰浴冷却使晶体析出。析出晶体为(−)-麻黄碱-(−)-苯乙醇酸盐,(−)-麻黄碱-(+)苯乙醇酸盐仍留在乙醇中。过滤即可将其分离。

(3)(−)-麻黄碱-(−)苯乙醇酸盐粗品用 2 mL 无水乙醇进行重结晶处理,可得白色粒状纯化晶体(熔点 166~168℃)。将晶体溶于 20 mL 水中,滴加 1 mL 浓盐酸,使溶液呈酸性,用 15 mL 乙醚分三次萃取,合并醚层并用无水硫酸钠干燥,蒸除有机溶剂后即得(−)-苯乙醇酸。文献熔点 131~133℃,旋光度 $[\alpha]_D^{25℃} = -153°(c = 2.5,H_2O)$。

(4)可对(−)-麻黄碱-(+)苯乙醇酸盐的乙醇溶液进行加热以除去有机溶剂,用 10 mL 水溶解残余物,再滴加 1 mL 浓盐酸以使固体全部溶解。用 30 mL 乙醚分三次进行萃取,合并醚层并用无水硫酸钠干燥,蒸除有机溶剂后即得(+)-苯乙醇酸。熔点文献参考值为 131~134℃,旋光度 $[\alpha]_D^{25℃} = +154°(c = 2.8,H_2O)$。

五、注意事项

(1) 本实验的取样操作及反应都应在通风橱中进行。
(2) 干燥器中应放有石蜡以吸收产物中残余的烃类溶剂。
(3) 此反应是两相反应,剧烈搅拌反应混合物,有利于加快反应的进行。
(4) 重结晶时,甲苯的用量为 1.5～2.0 mL。

六、实验结果与讨论

(1) 记录实验过程及产品性状、外观,计算产率。
(2) 分别测定(−)-苯乙醇酸和(+)-苯乙醇酸的熔点和旋光度,与文献报道比较,评价产品纯度。
(3) 计算拆分所得(−)-苯乙醇酸的光学纯度,并评价拆分效果。

七、思考题

(1) 以季铵盐为相转移催化剂的催化反应原理是什么?
(2) 本实验中若不加季铵盐会产生什么后果?
(3) 反应结束后,为什么要先用水稀释,后用乙醚萃取?目的是什么?
(4) 反应液经酸化后为什么要再次用乙醚萃取?

实验八 (±)-α-苯乙胺的合成

一、实验目的

(1) 学习洛伊卡特反应(Leuchart reaction)制备外消旋体 α-苯乙胺的原理和方法。
(2) 通过外消旋 α-苯乙胺的制备,进一步巩固回流、蒸馏、萃取等基本操作。

(3)通过本实验提高化学研究的能力和素质。

二、实验原理

醛、酮与甲酸和氨（或伯胺、仲胺），或与甲酰胺作用发生还原胺化反应，称为洛伊卡特反应。反应通常不需要溶剂，将反应物混合在一起加热（100～180℃）即能发生。在洛伊卡特反应条件下，甲酸与氨作用，生成甲酸铵。因此，该反应中也可直接使用甲酸铵。在洛伊卡特反应中，甲酸或甲酸根离子（$HCOO^-$）可起还原作用，氢原子以强还原性氢负离子（H^-）的形式转移至亚胺，其反应机理如图2-10所示。

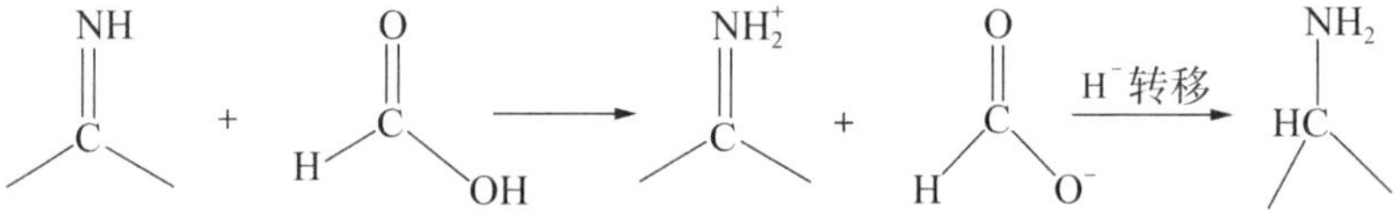

图2-10 洛伊卡特反应机理

如果参与反应的羰基分子具有前手性，在洛伊卡特反应中，氢负离子可以从亚胺分子的任一侧导入，故得到的还原产物是外消旋体。在洛伊卡特反应中，以醛酮作原料，分别与氨、伯胺或仲胺反应可以得到相应的伯胺、仲胺、叔胺。洛伊卡特反应通用性较强，可以用来处理多数脂肪酮、脂环酮、脂肪-芳香酮、杂环酮等，尤其是芳香酮及高沸点芳香酮更为适用。

本实验是采用苯乙酮与甲酸铵作用得到外消旋体($\pm$)-α-苯乙胺，反应过程如图2-11所示。

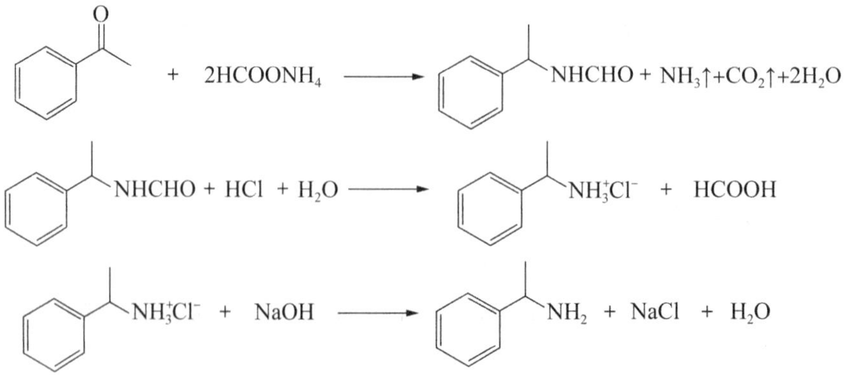

图2-11 ($\pm$)-α-苯乙胺反应过程

α-苯乙胺的旋光异构体可作为碱性拆分剂用于拆分酸性外消旋体。α-苯乙胺是制备精细化学品的一种重要中间体，它的衍生物被广泛应用于医药化工领域，包括合成医药、染料、香料、乳化剂等。

三、实验试剂与仪器

试剂：苯乙酮、甲酸铵、氯仿、甲苯、浓 HCl、25％氢氧化钠溶液、固体 NaOH。

仪器：圆底烧瓶、球形冷凝管、直形冷凝管、空气冷凝管、烧杯、锥形瓶、分液漏斗、蒸馏头、玻璃小漏斗、温度计、电炉或酒精灯等。

四、实验步骤

1. α-苯乙胺的合成

在 100 mL 圆底烧瓶中，加入 12.0 g 苯乙酮，22.2 g 甲酸铵和几粒沸石，装上蒸馏头并装配成简单的蒸馏装置。蒸馏头上口插入一支温度计，其水银球浸入反应混合物中。在石棉网上小火缓缓加热，反应物将缓慢熔化；当温度升到 150～155℃时，熔化后的液体呈两相；继续加热，反应物便成一相。反应物剧烈沸腾，并有水和苯乙酮被蒸出，同时不断地产生泡沫并放出二氧化碳和氨气。继续缓慢地加热直至温度计显示达到 185℃（勿超过 185℃），停止加热。反应过程中可能有一些固体碳酸铵在冷凝管中生成，此时可暂关闭冷却水使固体溶解，避免冷凝管堵塞。将馏出液用分液漏斗分出上层的苯乙酮并将其倒回反应瓶中，再继续加热 2 h，控制反应温度不超过 185℃。

将反应物冷却至室温，转入分液漏斗中，用 30 mL 水洗涤，以除去甲酸铵和甲酰胺。将分离出来的 N-甲酰-α-苯乙胺粗品，倒入原反应瓶中。向反应瓶中加入 12 mL 浓盐酸和几粒沸石，改为回流装置，保持微沸回流 0.5 h，使 N-甲酰-α-苯乙胺水解。

2. α-苯乙胺的分离和提纯

水解停止后，将反应液冷却至室温，然后每次用 10 mL 甲苯萃取二次。合并的萃取液倒入指定回收容器中。水层倒入容量约 250 mL 的三口烧瓶中。

将三口烧瓶置于冰水浴中进行冷却，缓慢加入 40 mL 25％的氢氧化钠溶液，并不断地振摇,再加热进行水蒸气蒸馏。用 pH 试纸检测馏出液的 pH 值,开始为碱性,至馏出液的 pH 值为 7 时,停止水蒸气蒸馏。

将含游离胺的馏出液以每次用量为 20 mL 的甲苯萃取三次,合并萃取液,加入粒状氢氧化钠干燥并塞住瓶口。干燥后的粗产品先进行蒸馏,以除去甲苯,再蒸馏收集 180~190℃的馏分。称量、测折射率,并计算产率。

纯(±)-α-苯乙胺为无色液体,沸点为 180~181℃[在 102 kPa(765 mmHg)条件下],折射率是 1.5260。

五、注意事项

(1)反应过程中,体系温度过高可能将导致部分碳酸铵凝固在冷凝管中。使反应液升温达到 185℃的时间约为 2 h。

(2)如在冷却过程中有晶体析出,可用最少量的水进行溶解。

(3)本实验中萃取的主要目的是分离出苯乙酮。

(4)水蒸气蒸馏时,玻璃磨口接头应涂上凡士林以防止接口因受碱性溶液作用而粘住。

(5)游离胺易吸收空气中的 CO_2 而形成碳酸盐。故在干燥过程中,瓶口应塞住以隔绝空气。

(6)本实验也可以在蒸出甲苯后进行减压蒸馏,应收集 82~83℃[在 2.4 kPa(18 mmHg)条件下]时的馏分。

六、思考题

(1)采用洛伊卡特反应合成(±)-α-苯乙胺为什么只能获得其外消旋体?欲获得(+)-苯乙胺或(-)-苯乙胺,应如何进行拆分?

(2)本实验为什么要比较严格地控制反应温度?

(3)苯乙酮与甲酸铵反应后,用水洗涤的目的是什么?

实验九　外消旋体 α-苯乙胺的拆分

一、实验目的

(1) 熟悉将外消旋体转变为非对映异构体以实现外消旋体的拆分原理和方法。
(2) 进一步熟练旋光度的测定方法。
(3) 熟悉对光学活性物质纯度的初步评价。

二、实验原理

由一般合成方法得到的手性化合物为等量的对映体组成的外消旋体，无旋光性。若要得到纯净的左旋体或右旋体，需要使用某种方法将它们分开。用某种方法将外消旋体分开成纯净的左旋体和右旋体的过程称为外消旋体的拆分。由于对映异构体除旋光性不同外，几乎具有相同的物理和化学性质，用一般的蒸馏、结晶、色谱分离等方法难以将其分离。

目前，拆分外消旋体最常用的方法是利用化学反应把对映体变为非对映体：利用外消旋混合物内含有一个易于反应的基团——拆分基团，如羧基或氨基等，可以使它与一个纯的旋光化合物——拆分剂发生反应，从而把一对对映体变成两种非对映体。由于非对映体具有不同的物理性质，便可采用常规的分离手段将其分开。然后经过一定的处理而去掉拆分剂，最后得到纯的旋光化合物，达到拆分的目的。常用的拆分剂有：用来拆分外消旋的有机碱，如马钱子碱、奎宁和麻黄素等旋光纯的生物碱；用来拆分外消旋的有机酸，如酒石酸、樟脑磺酸、苯乙醇酸等旋光纯的有机酸。

外消旋的醇通常先与丁二酸酐或邻苯二甲酸酐作用形成单酯，单酯在旋光纯的碱作用下分开，再经碱性水解，即可得到单个的旋光性的醇。

利用具有光学活性的吸附剂，通过柱层析把一对光学活性对映体拆开：一对光学活性对映体和一个光学活性吸附剂形成两个非对映的吸附物，它们所受吸附剂吸附作用的强弱程度不同，可用适当的溶剂分别把它们淋洗出来。

外消旋 α-苯乙胺属碱性外消旋体，可用酸性拆分试剂进行拆分，本实验使用 D-(+)-酒石酸为拆分剂。具有光学活性的 D-(+)-酒石酸广泛存在于自然界中。在酿酒中所获得的一系列副产物中就有 D-(+)-酒石酸。用 D-(+)-酒石酸处理外消旋 α-苯乙胺时产生的两个非对映体的盐在甲醇中的溶解度有明显差异，由于 (−)-α-苯乙胺和 (+)-酒石酸所形成的盐在甲醇中的溶解度比 (+)-α-苯乙胺和 (+)-酒石酸所形成的盐的溶解度小，足以用分步结晶的方法将它们分离开来。因此，前者从溶液中先结晶析出，经稀碱处理，即可得到 (−)-α-苯乙胺。母体中所含的 (+)-α-苯乙胺·(+)-酒石酸盐经过类似的处理，也可得到 (+)-α-苯乙胺。

在实际工作中，要得到单个旋光纯的对映体，并不是件容易的事情，往往需要经过冗长的拆分操作和反复的重结晶才能完成。而要完全分离也是很困难的。常用的光学纯度表示被拆分后对映体的纯净程度，它等于样品的比旋光度除以纯对映体的比旋光度。

$$光学纯度(OP) = \frac{[\alpha]_{样品}}{[\alpha]_{纯物质}} \times 100\%$$

以 (+)-酒石酸拆分外消旋 α-苯乙胺制备单一构型手性苯乙胺的基本反应过程为：

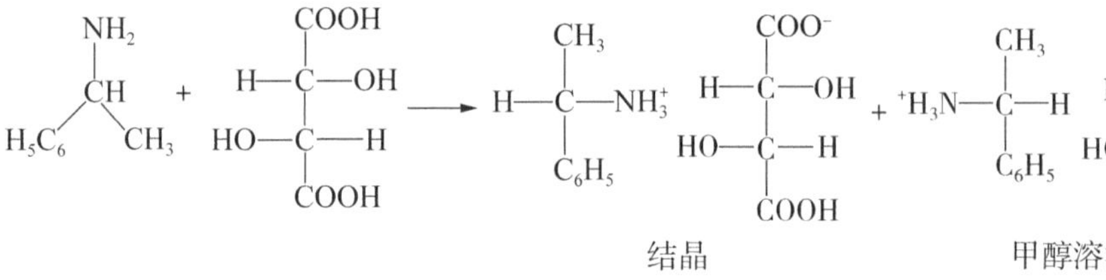

图 2-12 (+)-酒石酸拆分外消旋 α-苯乙胺的过程

三、实验试剂与仪器

试剂：(±)-α-苯乙胺、D-(+)-酒石酸、甲醇、乙醚、无水硫酸镁、50% 氢氧化钠溶液、无水乙醇、浓硫酸、丙酮、滤纸等。

仪器：圆底烧瓶、烧杯、玻璃棒、胶头滴管、量筒、球形冷凝管、直形冷凝管、蒸馏头、锥形瓶、分液漏斗、布氏漏斗、抽滤瓶、蒸发皿、玻璃小漏斗、温度计、减压蒸馏装置、电炉或酒精灯、旋光仪等。

四、实验步骤

1. 成盐与分步结晶

在 250 mL 锥形瓶中放入 3.2 g D-(+)-酒石酸、45 mL 甲醇和几粒沸石,装上回流冷凝管后在水浴上加热至接近沸腾(约 60℃)。待 D-(+)-酒石酸全部溶解后,停止加热,稍冷后移去回流冷凝管,在振摇下用胶头滴管将 2.6 mL (±)-α-苯乙胺慢慢加入热溶液中。加完稍加振摇,冷却至室温后,塞紧瓶塞,放置 24 h 以上。瓶内应有颗粒状棱柱形晶体生成。若生成针状晶体与棱柱形结晶混合物,应置于热水浴中重新加热溶解,再让溶液慢慢冷却,待棱状结晶析出完全后,减压过滤,晶体用少量冷甲醇洗涤,晾干,得到的主要是(−)-α-苯乙胺·(+)-酒石酸盐。称量、测熔点、测旋光度并计算产率。母液保留以用于制备另一种对映体。

2. S-(−)-α-苯乙胺的分离

将上述所得的(−)-α-苯乙胺·(+)-酒石酸盐转入 250 mL 锥形瓶中,加入约 15 mL 水(约 4 倍的水),搅拌使部分结晶溶解,再加入约 2.5 mL 50% 的氢氧化钠溶液,搅拌使混合物完全溶解,且溶液呈强碱性。将溶液转入分液漏斗中,然后以每次用量为 10 mL 的乙醚萃取 3 次。合并乙醚萃取液。用无水硫酸镁干燥。水层倒入指定容器中留作回收(+)-酒石酸。

将干燥后的乙醚溶液分批转入 25 mL 事先已称量重量的圆底烧瓶,在水浴上先尽可能蒸去乙醚,再用水泵减压除净乙醚。即可得(−)-α-苯乙胺产品,称重,测旋光度计算产率。纯的 S-(−)-α-苯乙胺比旋光度为 $[\alpha]_D^{25℃} = -39.5°$。

3. R-(+)-α-苯乙胺的分离

将上述保留的母液在水浴上加热浓缩,蒸出甲醇。残留物呈白色固体,残渣用 40 mL 的水和 6.5 mL 50% 的氢氧化钠溶液溶解,然后用乙醚提取 3~4 次,乙醚每次用量 12 mL。合并萃取液,用无水硫酸镁干燥。过滤,将滤液加到圆底烧瓶中,先用水浴蒸除乙醚和甲醇,然后减压蒸馏得无色透明油状液体(+)-α-苯乙胺(2.8 kPa 下收集 85~86℃ 的馏分),即为(+)-α-苯乙胺粗品。粗产品需经进一步的重结晶才能达到一定纯度。

(+)-α-苯乙胺的重结晶方法:将粗品溶于约 20 mL 的乙醇中,加热溶解,向此热溶液中加入含浓硫酸的乙醇溶液约 45 mL(约加入浓硫酸 0.8 g),静置后,得白色片状(+)-α-苯乙胺硫酸盐。滤出晶体,浓缩母液后可得到第二次结晶物,合

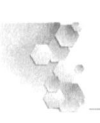

并晶体(共约7 g)。将晶体溶于12 mL热水中,加热沸腾,滴加丙酮至刚好浑浊,静置慢慢冷却后至白色针状结晶析出完全。过滤后加入10 mL水和1.5 mL 50%的氢氧化钠溶液溶解。水溶液用乙醚萃取3次,每次10 mL,合并萃取液用无水硫酸镁干燥。蒸除乙醚后,减压蒸馏,收集72～74℃/2.3 kPa(17 mmHg)下的馏分,得到(+)-α-苯乙胺,称重,测其旋光度。纯的R-(+)-α-苯乙胺为无色透明油状物,比旋光度为$[\alpha]_D^{25℃} = +39.5°$。

五、实验结果与讨论

(1)记录实验条件、过程、各试剂用量及观察到的现象。
(2)记录产物的理论收率和实际产率。
(3)通过测定产物旋光度,计算其比旋度及光学纯度。

六、思考题

(1)在(+)-酒石酸甲醇溶液中加入α-苯乙胺后,棱柱状晶体析出,过滤后,此滤液是否有旋光性?为什么?

(2)拆分实验中的关键步骤是什么?如何控制反应条件才能分离出纯的旋光异构体?

第三章 植物药物的提取

实验一 槐花米中芦丁的提取、分离和鉴定

一、实验目的

(1)掌握碱溶酸沉淀法提取黄酮类化合物的原理及操作。
(2)掌握芦丁的一种提取、精制方法及提制过程中防止苷水解的方法。
(3)掌握黄酮苷水解生成苷元的方法及二者之间的分离方法。
(4)熟悉芦丁、槲皮素的结构性质、鉴定方法和纸层析鉴定方法。

二、实验原理

芦丁(Rutin)是由槲皮素(Quercetin)3位上的羟基与芸香糖(Rutinose)[为葡萄糖(Glucose)与鼠李糖(Rhamnose)组成的双糖]脱水合成的苷,其结构如图3-1所示。

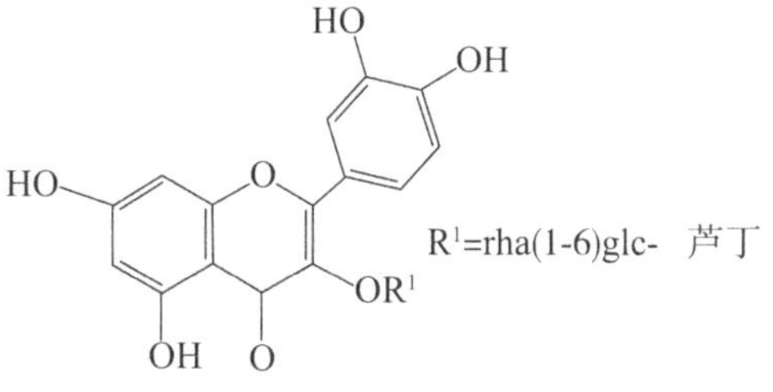

图3-1 芦丁的结构

芦丁(Rutin)为浅黄色粉末或极细的针状结晶,含有三分子的结晶水,熔点为174~178℃,无水化合物溶点188~190℃。溶解度:冷水中为1:10000;热

水中1∶200；冷乙醇中1∶650；热乙醇中1∶60；冷吡啶中1∶12。微溶于丙酮、乙酸乙酯，不溶于苯、乙醚、氯仿、石油醚，溶于碱而呈黄色。芦丁具有抗氧化、抗炎、保护血管等作用，可降低毛细管前壁的脆性和调节其渗透性，有助于保持及恢复毛细血管的正常弹性，临床上常用作防治高血压病的辅助治疗剂。

芦丁广泛存在于植物界中，现已发现的含芦丁植物至少在70种以上，如烟叶、槐花、荞麦和蒲公英等。尤以槐花米（为植物SopHora japonica的未开放的花蕾）和荞麦中芦丁的含量最高，故其可作为大量提取芦丁的原料。

槐花米为豆科植物槐花的未开放花蕾。味苦性凉，具清热、凉血、止血之功效。槐花的主要化学成分为芦丁，又名芸香苷，含量可达12%～16%。

本实验采用的方法是利用芦丁分子中具有酚羟基，显弱酸性，在碱水中成盐可增大溶解能力的特性，用碱水为溶剂对芦丁样品进行煮沸提取，提取液加酸酸化后芦丁又以游离状态析出。进而利用芦丁对冷水和热水的溶解度相差悬殊的特性进行精制，并通过显色反应和纸色谱法对成品进行检识。

三、实验试剂和仪器

试剂：镁粉、甲醇、三氧化铁、醋酸镁、氧氯化锆、枸橼酸、芦丁标准品、槐花米、石灰乳、0.4%硼砂水溶液、2%硫酸溶液、浓盐酸、正丁醇、醋酸、氨水、1%氢氧化钠溶液、1%三氯化铝乙醇溶液、1%葡萄糖溶液、1%鼠李糖溶液、1%芸香苷乙醇溶液、1%槲皮素乙醇溶液、95%乙醇、碳酸钡、广泛pH试纸、新华层析滤纸等。

仪器：紫外灯、试管、乳钵、天平、烧杯、电炉、纱布、玻璃棒、抽滤瓶、布氏漏斗、真空泵。

四、实验步骤

（一）芦丁的提取

称取槐花米30 g，在乳钵中研碎后，加入200 mL 0.4%的硼砂水溶液中，在搅拌下加石灰乳调pH值至8～9，加热，煮沸30 min，随时补充失去的水分，保持pH=8～9。30 min后，倾出上清液，用四层纱布过滤；同样操作再提取一次。合并两次滤液，放冷，并用6 mol/L的盐酸调pH至2～3，静置过夜，待结晶析出,过滤,滤饼用蒸馏水洗至 pH = 5~6,抽干,置空气中晾干,得粗制芦丁,称重,计算得率。

(二)芦丁的精制

使芦丁粗品悬浮于蒸馏水中,再煮沸至芦丁全部溶解,加少量活性炭,煮沸 5~10 min,趁热抽滤,冷却后即可析出结晶,抽滤得精制芦丁,称重,计算得率。

(三)芦丁的水解

取芦丁 1 g,研碎,加 2% 硫酸水溶液 80 mL,小火加热,微沸回流 30~60 min,并及时补充蒸发掉的水分。在加热过程中,开始时溶液呈浑浊状态,约 10 min 后,溶液由浑浊转为澄清,逐渐析出黄色小针状结晶,即水解产物槲皮素;继续加热,至结晶物不再增加时为止。抽滤,保留滤液 20 mL,以检查滤液中的单糖。所滤得的槲皮素粗晶水洗至中性,加 70% 乙醇 80 mL,加热回流使之溶解,趁热抽滤,放置析晶。抽滤,得精制槲皮素。110℃ 减压条件下干燥,可得槲皮素无水物。

(四)芦丁、槲皮素及糖的鉴别

1. 颜色反应

(1)α-萘酚 - 浓硫酸(Molish)试验:取芦丁样品少许置于试管中,加乙醇 1 mL 振摇,加 2~3 滴 α-萘酚试剂继续振摇,倾斜试管,沿管壁徐徐加入 0.5 mL 浓硫酸,静置,观察溶液界面变化,出现紫红色环者为阳性反应,表示试样的分子中含有糖的结构,糖和苷类均呈阳性反应,比较芸香苷和槲皮素的不同。

(2)盐酸 - 镁粉试验:取芦丁少许置于试管中,加 5% 乙醇 2 mL,在水浴中加热使固体溶解,滴加浓盐酸 2 滴,再加镁粉约 50 mg,即产生剧烈的反应。溶液逐渐由黄色变为红色。

(3)三氯化铁试验:取芦丁样品水或乙醇液,加入三氯化铁试剂数滴。观察颜色变化。

(4)三氯化铝试验:取芦丁样品少许置于试管中,加入甲醇 1~2 mL,在水浴中加热溶解，加1%三氯化铝甲醇试剂2～3滴，呈鲜黄色。以同样方法试验槲皮素。

（5）醋酸镁试验：取芦丁样品少许置于试管中，加入甲醇1～2 mL，在水浴中加热溶解，加1%醋酸镁甲醇试剂2～3滴，呈黄色荧光反应。以同样方法试验槲皮素（反应也可在滤纸上进行，观察荧光现象）。

（6）氧氯化锆–枸橼酸试验：取芦丁样品少许置于试管中，加甲醇1～2 mL，在水浴上加热溶解，再加2%氧氯化锆甲醇试剂3～4滴，呈鲜黄色。然后加2%枸橼酸甲醇试剂3～4滴，黄色变浅，加蒸馏水稀释变无色。以同样方法试验槲皮素进行对照。

（7）氢氧化钠试验：取芦丁少许置于试管中，加2 mL水振摇，观察试管中有无变化。滴加1%氢氧化钠溶液数滴，振摇使溶解，呈黄色澄清溶液。再加入1%盐酸溶液数滴使呈酸性反应，则溶液状态由澄清转为浑浊。

2. 纸色谱鉴定

（1）芦丁和槲皮素的纸色谱鉴定：

自制1%芦丁精制品样品溶液和1%芦丁标准品的乙醇溶液作为展开试样。展开剂体积比为正丁醇：冰醋酸：水=4:1:5上层溶液，配制200 mL展开剂后预饱和15 min。在新华层析滤纸（15 cm×6 cm）上点样，采用上行展开方式。展开后，取出，在太阳光下和紫外365 nm下观察层析试纸。对试纸喷$w=95\%$的$AlCl_3$作为显色剂，在烘箱中平放干燥，置于日光和紫外灯（365 nm）下观察色斑的变化；在紫外灯下可看到亮绿色斑点，且与芦丁标准品移动距离相同，表明所制得的样品为芦丁。根据色谱图计算比移值。

自制1%槲皮素样品溶液和1%槲皮素标准品的乙醇溶液，采用同样的色谱方法鉴定槲皮素。

（2）糖的纸色谱鉴定：

①样品溶液的制备：取上述芦丁水解后的母液20 mL，加入氢氧化钡细粉（约2.6 g）中和至pH=7，过滤除去生成的硫酸钡沉淀（可用滑石粉助滤）。滤液在水浴中浓缩至1～2 mL，供纸色谱点样用。

②对照品溶液的制备：取无水葡萄糖对照品适量，精密称定，加蒸馏水制成每1 mL含0.1 mg的溶液，即得；取鼠李糖对照品适量，精密称定，加蒸馏水制成每1 mL含0.1 mg的溶液，即得。

③实验方法：展开剂体积比为正丁醇∶冰醋酸∶水 = 4∶1∶5 上层溶液，配制 200 mL 展开剂后预饱和 15 min。吸取葡萄糖和鼠李糖对照品溶液及供试品溶液在新华层析滤纸（15 cm×6 cm）上点样，采用上行展开方式。展开后，约 30 min 取出，在太阳光下观察层析试纸，晾干。对试纸喷苯胺 - 邻苯二甲酸试剂，喷雾后于 105℃加热 10 min，置于日光下观察色斑的变化；显棕色或棕红色色斑后，色斑移动距离与葡萄糖和鼠李糖对照品相同，表明芦丁水解产物中含有葡萄糖和鼠李糖。根据色谱图计算比移值。

五、注意事项

（1）本实验采用碱溶酸沉法从槐花米中提取芦丁，收率稳定，且操作简便。在提取前应注意将槐花米略微捣碎，使芦丁易于被热水溶出。槐花米中含有大量的黏性液质，加入石灰乳可使其转化成钙盐沉淀而被除去。pH 值应严格控制在 8～9 范围内，不得超过 10。因为在强碱条件下将其煮沸，时间稍长可促使芦丁水解破坏，使提取率明显下降。酸沉 pH 值为 2～3，不宜过低，否则会使芦丁形成盐而溶于水，进而使收率降低。

（2）提取过程中加入硼砂水的作用：既能调节碱性水溶液的 pH，又能保护芦丁分子中的邻二酚羟基不被氧化，亦保护邻二酚羟基不与钙离子络合，使芦丁不受损失。

（3）芦丁的提取除了用碱溶酸沉法外，还可利用芦丁在冷水及沸水中的溶解度不同这一性质，采用沸水提取法。有报道称将生产工艺改进为以 95% 乙醇回流提取后回收醇得浸膏，然后将粗浸膏经除去脂溶性杂质后，用水洗净，过滤，干燥即得芦丁，收率可提高 6.96%，亦可使成本降低。因此芦丁的提取可根据原料的不同采用各种不同方法提取。

（4）槲皮素以乙醇重结晶时，如所用的乙醇浓度过高（90% 以上），一般不易析出结晶。此时可于乙醇溶液中滴加适量蒸馏水，使呈微浊状态，静置，槲皮素即可析出。

六、实验结果与讨论

（1）记录实验条件、现象、图谱、斑点颜色、各试剂用量及产品芦丁的重量。

(2)产品为浅黄色晶体。
(3)计算芦丁的理论产量和实际得率。

七、思考题

(1)本实验在提取过程中应注意哪些问题?
(2)根据芦丁的性质,还可采用何种方法进行芦丁的提取?简要说明理由。
(3)如果产品的实际得率不高,原因可能是什么?

实验二 葛根素的提取、分离和精制

一、实验目的

(1)建立对生化物质提取、分离及精制过程的认识。
(2)了解溶剂萃取法、吸附分离法、柱层析法及结晶的基本原理。
(3)掌握大孔吸附树脂的分离原理和基本操作。
(4)掌握葛根素的提取、分离和精制方法。

二、实验原理

葛根(Radix Puerariae)为豆科植物野葛[*Pueraria lobata*(Willd.)ohwi]的根,是常用的中药,具有解肌退热、生津、透疹、升阳止泻等功效。

葛根中含多种黄酮类成分,主要活性成分为大豆素(daidzein)、大豆苷(daidzin)、葛根素(puerarin)、葛根素-7-木糖苷(puerarin-7-xyloside)等。其主要成分为葛根素,即8-β-D-葡萄吡喃糖-4,7-二羟基异黄酮。葛根素具有扩张冠脉和脑血管、降低心肌耗氧量、改善心肌收缩功能、促进血液循环等作用,适用于冠心病、心绞痛、心肌梗死、视网膜动脉静脉阻塞、突发性耳聋等疾病的治疗,效果显著。

目前用于提取天然药物的方法主要有萃取、吸附分离法和柱层析法。

黄酮类化合物因结构及存在状态(苷或苷元、单糖苷、双糖苷或三糖苷)不同而在溶解度上有很大差异。一般的游离苷元难溶于或不溶于水，易溶于有机溶剂及稀碱水溶液。黄酮类化合物的羟基糖苷化后，水溶度即相应加大，而在有机溶剂中的溶解度则相应减小。因此黄酮苷一般易溶于水、甲醇、乙醇等强极性溶剂，而难溶于或不溶于苯、氯仿等有机溶剂。因此，本实验先用95%乙醇从葛根中提取葛根素粗品，然后用树脂吸附法对粗品进行分离纯化。

三、实验试剂和仪器

试剂：葛根、葛根素(8-β-D-葡萄吡喃糖-4,7-二羟基异黄酮)、工业乙醇、正丁醇(AR)、无水乙醇(AR)、甲醇(AR)。

仪器：粉碎机，标准筛(10目)，1000 mL烧瓶，冷凝管，加热套，温度计，搅拌器，过滤装置(布氏漏斗、滤纸、抽滤瓶)，分液漏斗，量筒，烧杯(50 mL、100 mL、500 mL)，100 mL锥形瓶，滴管，铁架台，旋转蒸发器，天平，容量瓶(10 mL、100 mL)，1 mL移液管，紫外分光光度计。

四、实验步骤

(一)实验流程

本实验先用95%乙醇从葛根中提取葛根素粗品，然后再用树脂吸附法对粗品进行分离纯化，具体实验操作流程如图3-2所示。

葛根 —粉碎→ 加95%乙醇 —浸泡3次→ 合并提取液 —采用D-101型大孔吸附树脂水洗除杂质→ 含葛根素的树脂 —70%乙醇洗脱→ 乙醇洗脱液 —浓缩回收乙醇→ 含葛根素水溶液 —正丁醇萃取→ 正丁醇萃取液 —回收正丁醇→ 精制葛根素

图3-2 葛根素粗品的分离纯化路线

(二)具体步骤

1. D-101型大孔吸附树脂的预处理

大孔吸附树脂(macfofeticulaf resin)是20世纪60年代末发展起来的一类有机高聚物吸附剂,它具有多孔网状结构和较好的吸附性能。其中D-101型大孔吸附树脂(以下简称"D-101")是一种苯乙烯型弱极性共聚体,具备多孔立体结构的聚合物吸附剂特性,它可通过和吸附物之间的范德华力,利用巨大的比表面积进行物理吸附。D-101具有物化性质稳定,对葛根异黄酮选择性吸附能力强、容易解析、再生简单、不容易老化、可反复使用等优点。当葛根醇提取液通过大孔吸附树脂时,葛根素被有效吸附,而大量水溶性杂质则随水流出,从而实现葛根素与水溶性杂质的分离。

大网格聚合物吸附剂在使用前要经预处理,特别是新购买的大网格聚合物吸附剂(其常含有许多脂溶性杂质)。取50 g树脂,用95%乙醇溶液浸泡24 h,充分溶胀后湿法装柱,以2 BV/h的流速洗脱,至流出液与水混合(比例1:5)不呈混浊为止,再用蒸馏水洗至无醇味,备用。

2. 葛根的预处理

称取50 g葛根,用粉碎机粉碎,过10目筛。将葛根粉末装入提取瓶中,加入6倍量的95%乙醇,静置过夜。

3. 葛根素的粗提

用加热回流装置从葛根中提取葛根素,一共加热回流3次:第一次加6倍量的95%乙醇,加热回流提取2 h,过滤;第二次滤渣加入4倍量的95%乙醇,加热回流提取1.5 h,过滤;第三次滤渣加入2倍量的95%乙醇,加热回流提取1 h,过滤,合并三次提取液,减压浓缩的粗提浸膏。

4. 葛根素的分离

将葛根素粗提物用适量的水进行溶解后,滤去不溶物,使溶液以2 BV/h的流速通过处理好的大孔树脂柱(吸附剂用量为粗提物的7倍)。穿透液重复吸附3次,静置30 min。用蒸馏水洗去糖类、蛋白质、鞣质等水溶性杂质,至水清。改用70%乙醇洗脱(乙醇用量为粗提物的12倍),流速2 BV/h,收集洗脱液,浓缩回收乙醇至无醇味。

5. 葛根素的精制

洗脱液加等体积正丁醇萃取4次,合并正丁醇萃取液,真空浓缩成稠的膏状物；将膏状物放入真空干燥箱中干燥至恒重，得到精制葛根素样品。

6. 葛根素收率的测定

(1) 标准曲线的绘制：称取干燥恒重的葛根素对照品 6.5 mg 置于 100 mL 容量瓶中，用 95% 乙醇溶解并定容。分别吸取此标准液 0.2、0.4、0.6、0.8、1.0、1.2 mL 置于 10 mL 容量瓶中，加 95% 乙醇定容至刻度摇匀。另取 95% 乙醇作为空白对照，分别将上述溶液于 250 nm 处测定吸光度 A。以浓度为横坐标、吸光度值为纵坐标，得线性回归方程，即为标准曲线。

(2) 准确称取 10 mg 葛根素样品，用乙醇溶解定容至 100 mL，以乙醇为空白对照，于 250 nm 处测吸光度 A，利用标准曲线，计算溶液浓度 c。

$$葛根素收率 = \frac{ncV}{m} = \frac{稀释倍数 \times 样品溶液浓度 \times 样品溶液体积}{葛根质量} \quad (\%)$$

n 为稀释倍数；c 为浓度，单位为 mg/mL；V 为体积，单位为 mL；m 为质量，单位为 g。

五、注意事项

(1) 树脂一定要在充分溶胀以后才能装柱。
(2) 预处理好的树脂应一直保持湿润状态，不能脱水。
(3) 实验结束后，树脂需回收到指定的容器中。

六、思考题

(1) 本实验中，提取葛根素的基本原理是什么？
(2) 葛根素的提取与分离还有哪些方法？
(3) 你认为影响植物天然产物的提取的因素都有哪些？怎样能提高其提取率？

七、拓展知识

1. 湿法装柱步骤

装柱是确保柱层析分离效果的关键技术之一。无论是手工装柱、机械装柱，还是自动化装柱，要求都是一样的，装入柱中的分离载体材料应松紧适度，分布均匀、无气泡、无断层、无结节，能保持正常的溶胀形态和结构。一般采用湿法填充，一般步骤为：①层析柱底部若没有石英砂，应放置少量玻璃丝或棉花；要求它们不漏、不堵、不吸附样品，且能保持一定的流速；②固定层析柱，柱中加入1/5柱高的溶剂；③树脂应充分溶胀。开始装柱时，应打开柱端阀门，并保持一定的流速。加入树脂过程中，需连续、均匀、不中断，使树脂颗粒均匀沉降，不发生分层或倾斜；④装柱之后，用溶剂充分洗涤，把树脂中的微粒、夹杂的尘埃溢流除去，同时消去树脂层的气泡，使树脂颗粒填充均匀。

2. 天然药物的提取方法

(1) 萃取：萃取(extraction)是利用溶质在互不相溶的两项之间分配系数的不同而使溶质得到纯化或浓缩的方法。萃取是工业生产中常用的一种分离、提取方法。如果含有目标产物的原料为固体，则称此操作为液固萃取或浸取；如果含有目标产物的原料为液体，则称此操作为液液萃取。

①液固萃取：液固萃取通称浸取(leaching)，是用液体提取固体原料中的目标成分的扩散分离操作。生物分离过程中经常需要利用液固萃取法从细胞或生物体中提取目标产物或除去有害成分。例如，从咖啡豆中脱咖啡因，从草莓中提取花色苷色素，从植物组织中提取生物碱、黄酮类皂苷等。为了使固体原料中的溶质能够很快地与溶剂接触，需对原料进行预处理，一般包括粉碎、研磨、切片等。固液萃取操作主要包括不溶性固体中所含的溶质在溶剂中溶解的过程以及分离残渣和浸取液的过程。

②液液萃取：用溶剂从溶液中抽提物质叫液液萃取，也叫溶剂萃取。根据所用萃取剂性质或萃取机制的不同，液液萃取可分为多种类型。经典的液液萃取指的有机溶剂萃取，在生物产物中用于生物小分子的分离纯化。即在液体混合物(原料液)中加入一种与其基本不相混溶的液体作为溶剂，构成第二相，利用原料液中各组分在两个液相中溶解度不同的原理而使原料液混合物得以分离。选用的溶剂称为萃取剂，以 S 表示；原料液中容易溶于 S 的组分，称为溶质，以 A 表示；难溶于 S 的组分称为原溶剂(或稀释剂)，以 B 表示。

液液萃取操作的基本过程：将一定量萃取剂加入原料液中，然后加以搅拌使原料液与萃取剂充分混合，溶质通过相界面由原料液向萃取剂中扩散。搅拌停止后，两液相因密度不同而分层：一层以溶剂 S 为主，并溶有较多的溶质，称为萃取相，以 E 表示；另一层以原溶剂(稀释剂) B 为主，且含有未被萃取完的溶质，称为萃余相，以 R 表示。实现组分分离的萃取过程即由混合、分层、萃取相分离、萃余相分离等一系列步骤共同完成。

（2）吸附分离法：吸附（adsorption）法是指利用吸附作用，将样品中的生物活性物质或杂质吸附于适当的吸附剂上，利用吸附剂对活性物质和杂质吸附能力的差异，使目的物和其他物质分离，达到浓缩和提纯目的的方法。在工业生产中常用的吸附剂有活性炭、白陶土、氧化铝、硅胶、大孔吸附树脂等。

（3）柱层析法：柱层析法（柱色谱法）是常用色谱分析法的一种，该法将固定相装于色谱柱内，色谱过程在色谱柱内进行。按色谱柱的粗细柱层析法可分为一般柱色谱法、毛细色谱法及微填充柱色谱法。气相色谱与高效液相色谱亦都属于柱色谱范围。色谱柱内装有固体吸附剂（固定相），液体样品从柱顶加入，在顶部被吸附剂吸附，然后，从柱顶部加入作为洗脱剂的有机溶剂（流动相），由于吸附剂对各组分的吸附能力不同，各组分以不同速率下移，被吸附较弱的组分在流动相里的百分含量比吸附较强的组分要高，以较快的速率向下移动，而被吸附较强的组分则下移速率较慢，这样，样品中各组分经过反复多次的吸附—洗脱而随溶剂以不同的时间从色谱柱下端流出，从而达到分离的目的。如果各组分为有色物质，则可直接观察到不同颜色的谱带。分离得到的各组分用不同容器盛取后，可进行定性、定量分析。由于色谱法具经济、简便、高效、准确等优点，其在药物分离分析中获得了广泛的应用。

实验三　苦参生物碱的提取和鉴定

一、实验目的

（1）熟悉苦参的成分、结构及其有效成分生物碱的物理化学性质。
（2）了解化学反应萃取分离在天然药物提取过程中的应用。
（3）掌握渗漉法和离子交换提取生物碱的原理、方法与工艺过程，并熟悉用柱层析法分离生物碱的过程。

二、实验原理

苦参（Sophora flavescens Aiton），又名苦骨（见《本草纲目》）、川参（见《贵州

民间方药集》、凤凰爪(见《广西中兽医药植》)、牛参(见《湖南药物志》),陶弘景谓:"叶极似槐叶,花黄色,子作荚,根味至苦恶。"李时珍谓:"苦以味名,参以功名。"始载于《神农本草经》,列为中品,为豆科植物苦参的干燥根。分布于我国南北各地,春秋两季采挖,除去根头及小支根,洗净,干燥,或趁鲜切片,干燥。苦参性味苦寒,归心、肝、胃、大肠、膀胱经。功能为清热燥湿、祛风杀虫、利尿通淋,可用于热痢、便血、黄疸尿闭、赤白带下、阴肿阴痒、湿疹、湿疮、皮肤瘙痒、疥癣麻风等诸多病症的防治。

苦参中含有多种有效成分,目前已知的主要有生物碱类、黄酮类、挥发油类化合物,还含有少量醌类、皂苷类及氨基酸等化合物。苦参中的生物碱包含以苦参碱(matrine)为代表的一类化学结构相似的生物碱,此外还包括氧化苦参碱(oxymatrine)、脱氢苦参碱(槐果碱,sophocarpine)、异苦参碱(iosmatrine)等。苦参中含有的主要的已知生物碱的结构如图3-3所示。

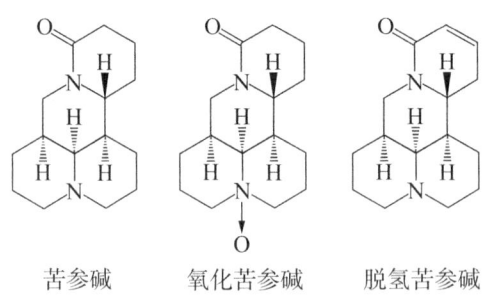

苦参碱　　氧化苦参碱　　脱氢苦参碱

3-3　苦参中含有的主要的已知生物碱结构图

苦参碱(matrine),化学式为$C_{15}H_{24}N_2O$,在石油醚中结晶时,由于温度等条件不同,可以得到α、β、σ三种晶型(熔点分别为76℃、87℃、84℃)和一种流体型即γ型,通常室温下结晶得到的是α型,为针状或棱柱状结晶,易溶于水、甲醇、乙醇、氯仿,溶于苯,在乙醚中溶解度小。

氧化苦参碱(oxymatrine),化学式为$C_{15}H_{24}N_2O_2$。白色棱晶,溶于水,易溶于甲醇、乙醇、氯仿,不溶于乙醚、苯。熔点为207~208℃(不含结晶水),162~163℃(含一个结晶水),77~78℃(含多个结晶水),结晶水可在145~150℃下除去。可与许多金属离子如Fe^{2+}、Cu^{2+}、Cr^{3+}等生成沉淀。

脱氢苦参碱(又名槐果碱,solphocarpine),化学式为$C_{15}H_{22}N_2O$。白色棱晶,易溶于甲醇、乙醇、氯仿,略溶于苯和乙醚,在水中溶解度小。熔点为80~81℃。

利用苦参生物碱具有弱碱性,可与强酸结合成易溶于水的盐的性质,可将苦参总碱从药材中提取出来。结合动态连接提取工艺过程,实现生物碱的充分溶出。然后,加碱碱化,即可得到苦参生物总碱。

渗漉法(percolation)的提取过程类似多次浸取过程,浸出液可以达到较高浓度,浸出效果较好。此法可在常温下操作完成而不需加热,溶剂用量少,且过滤要求较低,简化了分离操作过程,尤其适用于具热敏性、易挥发且有效成分含量较低或贵重药材的提取。采用0.5%的硫酸溶液对中药材黄连用渗漉法提取,收集7倍量的渗漉液即可保证生物碱的提取率。与回流法比较,渗漉法提取物含杂质少、提取率高、使用溶剂量少。渗漉法的操作技术要求较高,若达不到相应要求,将影响提取效率,当提取物为碱性、不易流动的成分时,不宜使用该法。

离子交换树脂,是带有官能团(有交换离子的活性基团)、具有网状结构、不溶性的高分子化合物。通常是球形颗粒物。离子交换树脂的全名称由分类名称、骨架(或基团)名称、基本名称组成。离子交换树脂法是一种常用的分离纯化技术,广泛应用于工业生产、环境保护、食品加工等领域。以下案例将利用离子交换树脂法的原理,以阳离子交换树脂作为固定相,提取苦参生物碱。

三、实验试剂与仪器

试剂:苦参粗粉、苦参碱标准品、聚苯乙烯磺酸型树脂、盐酸、浓氨水、三氯甲烷、甲醇、乙醇、丙酮、碘化铋钾、碘化汞钾、甲苯、乙酸乙酯、氢氧化钠、乙醚、氧化铝、氯化苦参碱标准品、蒸馏水、广泛pH试纸等。

仪器:树脂柱(2 cm×100 cm)、渗漉桶、索氏提取器、玻璃色谱柱(1 cm×24 cm)、电子天平、烧杯、量筒、硅胶薄层板等。

四、实验步骤

(一)实验流程

提取苦参生物碱的具体工艺流程如图3-4所示。

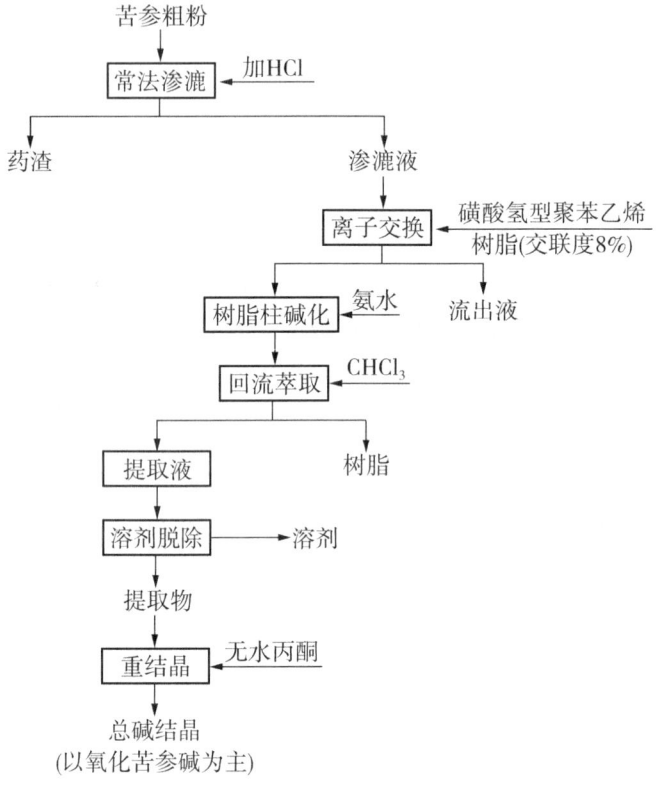

图 3-4 苦参生物碱的提取工艺流程

(二) 提取分离步骤

1. 离子交换树脂的预处理

将 70 g 聚苯乙烯磺酸型树脂(交联度为 3%)放入烧杯中,加 200 mL 80℃的蒸馏水溶胀 30 min,倾出蒸馏水后加入 300 mL 2 mol/L 的盐酸,充分搅拌,放置半小时(静态转型),后装入树脂柱(2 cm×100 cm),并使全部酸水溶液通过树脂柱(动态转型),流出液的速度以液滴不成串为宜。后用蒸馏水洗至中性,待用。注意从装柱到洗涤过程中始终保持液面高于树脂床。

2. 总生物碱的提取和分离

(1) 动态连续提取:

① 取苦参粗粉 200 g 加一定浓度的盐酸,拌匀,放置 30 min,使生药膨胀。

② 然后装入渗漉桶中,边加边压,层层加紧,全部装完后,将药面压平,

盖一层滤纸，滤纸上压一些洗净的玻璃塞。

③ 往药面上加具一定浓度的 HCl 溶液，使其以 4～5 mL/min 的速度渗漉，收集渗漉液至体系无明显的生物碱反应为止，收集渗漉液约 2500 mL。

（2）交换：

① 将收集的渗漉液置于阳离子交换树脂进行交换，如交换液中仍含有生物碱时，仍可以继续进行交换，直至流出液无生物碱反应为止。

② 将树脂倾入烧杯中，用蒸馏水洗涤数次，除去杂质，于布氏漏斗中抽干，晾干。

（3）总生物碱的洗脱：

① 向已晾干的树脂中加适量浓氨水，搅匀，使其湿润度适宜，树脂充分膨胀，盖好放置 20 min。

② 装入索氏提取器中，加 300 mL 三氯甲烷在水浴上回流洗脱，直至洗脱液中无生物碱为止。

③ 回收三氯甲烷，得棕色黏稠物。

④ 加无水丙酮适量，加热溶解，过滤，减压蒸干。

必要时重复上述操作，以脱除粗生物碱中的水，再在无水丙酮中进行重结晶。

3. 氧化苦参碱的分离

（1）柱色谱法：取 100 目色谱用氧化铝 50 g，用漏斗缓慢加入色谱柱（1 cm×24 cm，干法装柱）内，取苦参 0.2 g，加入适量氧化铝，搅匀，研细，装入色谱柱顶端，先将 50 mL 三氯甲烷注入色谱柱，再用三氯甲烷－甲醇（9∶1）洗脱，流速为 1 mL/min。每 10 mL 为一份（约收集 15 份），经薄层层色谱鉴定，将相同流出成分合并，在水浴上使溶剂以挥发形式被去除，剩余物加无水丙酮溶解，静置，所析出的结晶为氧化苦参碱。

（2）溶解度差异法：将苦参总碱溶于少量三氯甲烷中，加入 10 倍量乙醚，放置后有沉淀析出，过滤析出的沉淀，滤液浓缩后再溶于少量三氯甲烷中，加入乙醚后静置，再过滤析出的沉淀，合并两次的沉淀物，用丙酮重结晶，结晶物即为氧化苦参碱。

4. 苦参生物碱的沉淀反应

取自制苦参总生物碱约 0.1 g，加 1% 盐酸 10 mL 使其溶解，过滤，取滤液分置于三支试管中，进行以下试验：

(1)碘化铋钾试验：于上述试管中的任一支中加入碘化铋钾试剂 1～2 滴，立即有橘红色沉淀产生。

(2)碘化汞钾试验：于第二支试管中加入碘化汞钾试剂 2～3 滴，有白色沉淀产生。

(3)碘—碘化钾试验：于第三支试管中加入碘—碘化钾试剂 2～3 滴，有褐色或棕褐色沉淀产生。

5. 苦参生物碱的薄层层析鉴定

(1)氧化铝薄层层析法：

吸附剂：中性氧化铝(Ⅱ级，过 160 目筛)，干法铺板(软板)。

样品：

①自制苦参碱乙醇溶液；

②苦参碱标准品乙醇溶液；

③自制氧化苦参碱乙醇溶液；

④氧化苦参碱标准品乙醇溶液；

⑤自制苦参总生物碱乙醇溶液。

展开剂：

①氯仿—甲醇 (19：1) 展开三次；

②氯仿—甲醇—浓氨水(体积比为 25：3：1)。

显色剂：经改良的喷雾式碘化铋钾试剂。

鉴定方法：使用显色剂对样品进行喷雾处理，随后观察斑点的颜色变化，并将观察到的颜色与标准品的颜色对照。

(2)硅胶薄层层析法：

吸附剂：2％氢氧化钠溶液制备的硅胶 G 硬板，于 110℃烘干半小时。

样品：同（1）项。

展开剂：

①先以甲苯—乙酸乙酯—甲醇—水(体积比为 2：4：2：1)展开，展距约 8 cm，取出，晾干，再以甲苯—丙酮—乙醇—浓氨试液(体积比为 20：20：3：1)展开，展距与第一次相同；

②氯仿-甲醇-乙醚(体积比为 44：0.6：3)。

显色剂：经改良的喷雾式碘化铋钾试剂和亚硝酸钠乙醇液(观察斑点颜色，并与标准品对照)。

鉴定方法：使用显色剂对样品进行喷雾处理，随后观察斑点的颜色变化，并将观察到的颜色与标准品的颜色对照。

五、思考题

（1）叙述酸水法及离子交换法提取纯化生物碱的原理。
（2）应如何检查：
①渗漉液中是否含有生物碱；
②渗漉液中生物碱是否被交换在树脂上；
③离子交换树脂是否已饱和。
（3）在收集渗漉液的过程中，溶液的颜色有何变化？在回流提取中，有何现象发生？
（4）制备性薄层色谱的特点是什么？

实验四　海带多糖的提取和鉴定

一、实验目的

（1）掌握酶法提取海带硫酸多糖的原理和操作流程。
（2）了解多糖物质的常规纯化方法及原理。
（3）熟悉多糖含量测定的常用方法和原理。
（4）掌握硫酸-蒽酮法测定多糖的原理及操作流程、注意事项。

二、实验原理

海带多糖，狭义上讲，就是指昆布多糖，这是由于人们逐渐淡化"海带"与"昆布"的区别，因此"昆布多糖"也叫"海带多糖"；广义上讲，海带多糖是指从海带中提纯的多糖成分，包括海带寡糖、褐藻糖胶、海带淀粉等。

大多数多糖可采用不同温度的水、稀碱溶液进行提取。如果用稀酸提取，应注意提取的时间要短，提取温度不宜太高，以避免造成糖苷键断裂。大部分多糖在有机溶剂中的溶解度极小，所以可用有机溶剂作为沉淀剂来沉淀多糖。常用的有机溶剂为甲醇、乙醇、异丙醇及丙酮，这些溶剂能降低多糖的溶解度而得到粗多糖。乙醇、异丙醇是 FDA 认可的适合食品级多糖提取的最佳沉淀剂。在 pH 值为 7.0 左右对多糖原料进行反复溶解与醇析，即可得到粗多糖。

本实验综合利用细胞匀浆和纤维素酶水解破碎海带细胞壁，使海带释放细胞内容物，包括多糖、海藻酸以及蛋白、核酸等；随后通过海藻酸与 Ca^{2+} 的结合沉淀形成不溶性海藻酸钙，以去除其中的海藻酸；继而通过十六烷基三甲基溴化铵（CTAB）与多糖络合后溶解度下降的特性，将多糖与其他成分分离；最后在盐溶液中回溶多糖，并通过乙醇沉淀法获得多糖沉淀，即海带粗多糖。可采用硫酸-蒽酮法测定多糖的含量。

三、实验试剂与仪器

试剂：干海带、纤维素酶、1 mol/L 氯化钙溶液、浓硫酸、蒽酮、十六烷基三甲基溴化铵（CTAB）、葡萄糖、蒸馏水等。

仪器：组织匀浆机、水浴锅、台式高速离心机、分光光度计、广泛 pH 试纸、容量瓶、电子天平、烧杯、量筒等。

四、实验步骤

（一）海带多糖的提取

（1）干海带加水浸泡过夜，充分溶胀后，加入 1/3 体积的水，放入组织匀浆机中，粉碎成海带浆。取约 100 mL 海带浆，调 pH 值为 4.5～5.0，加入 0.3 g 纤维素酶，于 50 ℃ 温浴水解 4～6 h，间或搅拌，促进细胞壁水解。

（2）在海带浆中加入 50 mL 水，搅拌均匀，沸水浴 5 min，使纤维素酶失活，冷却至室温，用 6 层纱布过滤，收集滤液。

（3）向滤液中加入 1/4 体积的 1 mol/L 氯化钙溶液，搅拌均匀后，用 4 层纱布过滤，除去海藻酸钙。

（4）于滤液中加入 1/5 体积的 2% CTAB，使其与海带多糖结合沉淀，

12000 rpm 离心 5 min 收集 CTAB-多糖沉淀物。

（5）在 CTAB-多糖络合沉淀物中加入 0.5 mL 2 mol/L 的氯化钾溶液，通过盐解作用，溶解释放海带多糖。然后加入 2 倍体积无水乙醇沉淀多糖，于 12000 rpm 下离心 5 min。

（二）硫酸-蒽酮法测定海带多糖含量

（1）硫酸-蒽酮试剂的配制：取 0.2 g 蒽酮溶解于 100 mL 浓 H_2SO_4 中，当日配制使用。

（2）葡萄糖标准曲线的绘制：准确量取 100 μg/mL 葡萄糖标准溶液 0、0.10、0.20、0.40、0.60、0.80、1.00 mL，注入糖管中，补充纯水至 1.00 mL（表 3-1）。并分别加入 4.00 mL 硫酸-蒽酮试剂，盖塞后立即摇匀，迅速浸入冷水浴中，各管加完后一起置于沸水浴中 10 min（水浴前需先封口以防蒸发），取出以流水冷却，室温静置 10 min，于 620 nm 处比色，测定吸光度值。以测得的吸光度为纵坐标，标准葡萄糖含量为横坐标，作出标准曲线。

（3）海带多糖含量的测定：准确量取海带粗多糖 50 mg，用 500 mL 蒸馏水定容，并准确量取 1.00 mL 待测溶液，加入 4 mL 硫酸-蒽酮试剂，同标准曲线之操作，比色测定。根据标准曲线计算糖含量。

五、注意事项

（1）海带细胞壁成分以纤维素为主，因此可用纤维素酶水解细胞壁以破碎细胞，酶解作用温和，对于细胞内容物成分影响较小。

（2）在海带多糖的提取过程中，海藻酸类物质是主要的杂质成分，本实验通过加入 Ca^{2+}，使其与海藻酸结合成为不溶性的海藻酸钙沉淀而实现海藻酸的去除，初步纯化多糖。

（3）CTAB（十六烷基三甲基溴化铵）是一种阳离子表面活性剂，在低离子强度的溶液中具有沉淀核酸和酸性多聚糖的特性，而在高离子强度的溶液里，CTAB 又可与蛋白质和大多数酸性多聚糖以外的多糖形成复合物。因此，本实验利用了 CTAB 沉淀多糖的性质，将多糖与其他成分分离。且这种酸性多糖沉淀物具有可在一定盐浓度下被重新溶解而不引起其他性质改变的特性，可用于多糖的纯化。

（4）多糖中常含有大量羟基，极性较大，在水溶液中溶解性很好，而在低极性的有机溶剂(如乙醇)中溶解度较小,因此,向多糖溶液中加入乙醇,可降低水溶液的介电常数,使多糖脱水从而产生沉淀来实现多糖的浓缩。

六、实验结果与讨论

(1)记录实验条件,过程和实验现象。
(2)绘制葡萄糖标准曲线,实验数据记录表3-1中。

表3-1 葡萄糖标准曲线数据

序号	1	2	3	4	5	6	7
葡萄糖含量/($\mu g \cdot mL^{-1}$)	0	10	20	40	60	80	100
吸光度 A							

(3)计算海带中多糖的含量。

七、思考题

(1)谈谈海带硫酸多糖有哪些生物学功能及开发前景如何。
(2)除硫酸-蒽酮法以外,还有哪些方法可用于多糖的定量?请简述其原理。

实验五 白芷中香豆素的提取

一、实验目的

(1)掌握连续回流提取法的原理和方法。
(2)掌握重结晶的原理和方法。
(3)掌握白芷中香豆素的提取原理和方法。

二、实验原理

白芷(radix Angelica dahurica)为伞形科植物白芷的干燥根。具有散风除湿、通窍止痛、消肿排脓的功能。白芷中的有效成分为香豆素类化合物。用单位白芷的提取物(其中主要是香豆素类化合物)制成的制剂对功能性头痛、白癜风的临床疗效较好。异欧前胡素和欧前胡素为白芷的主要有效成分,其结构式如图3-5所示。

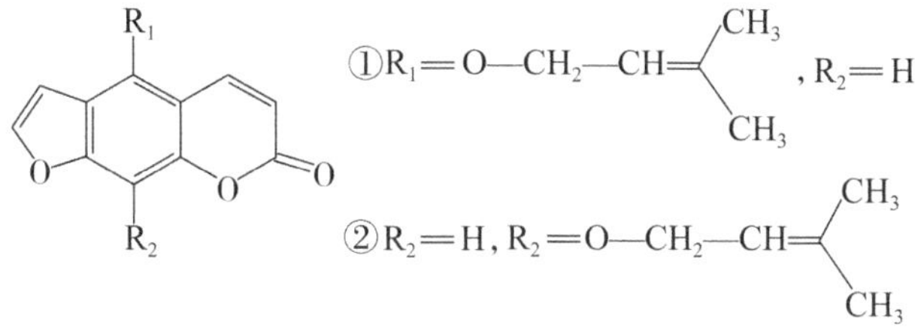

图3-5 白芷的结构式

常见的提取方法:溶剂提取法、水蒸气蒸馏法、升华法。其中,溶剂提取法应用最为广泛。溶剂提取法的原理:根据相似相溶原理,选择与化合物极性相当的溶剂,将化合物从植物组织中溶解出来,同时,由于某些化合物的增溶或助溶作用,极性与溶剂极性相差较大的化合物也可溶解出来。具体的溶剂提取法一般包括浸渍法、渗漉法、煎煮法、回流提取法、连续回流提取法等,这些提取方法的特点各有不同。其中,连续回流提取法具有提取效率高、溶剂用量少等优点。

因此,本实验利用连续回流提取法提取白芷中的香豆素。

三、实验试剂与仪器

试剂:欧前胡素标准品、异欧前胡素标准品、乙醇、白芷粗粉、石油醚、乙醚、蒸馏水、丙酮。

仪器:烧杯、圆底烧瓶、三角烧瓶、索氏提取器、电子天平、恒温水浴、硅胶薄层板、色谱缸、球形冷凝管、真空泵、紫外灯、抽滤瓶、布氏漏斗、旋转蒸发仪。

四、实验步骤

(一)白芷中香豆素的提取

取白芷粗粉30 g,置于索氏提取器中,加入95%(体积分数)的乙醇300 mL,

80℃恒温水浴回流2 h。冷却后过滤；滤液减压浓缩至糖浆状。用丙酮溶解并转移至50 mL三角烧瓶中，放置结晶；抽滤后，再重结晶，将所得产品干燥称重，计算产率。

(二) 香豆素的薄层色谱鉴定

色谱材料：硅胶薄层板
点样：步骤(一)所得产品，欧前胡素和异欧前胡素标准品。
展开剂：石油醚和乙醚1∶1(体积比)混合。
显色：置紫外光灯(365 nm)下，观察斑点颜色。
展开方式：预饱和后，上行展开。

五、实验结果与讨论

(1) 记录实验条件、实验现象、图谱、斑点颜色。
(2) 记录产品的外观和质量。
(3) 计算香豆素产率。

六、思考题

(1) 连续回流提取法的原理是什么？有何特点？
(2) 对比浸渍法、渗漉法、煎煮法、回流提取法和连续回流提取法的使用范围和特点。

实验六　茶多酚的提取、精制和含量测定

一、实验目的

(1) 了解植物天然产物的常规提取及精制方法。
(2) 掌握茶多酚的提取与精制的工艺原理和方法。
(3) 熟悉醇提和水提茶多酚工艺的流程。

二、实验原理

茶多酚(green tea polyphenols,GTP)是茶叶中多酚类物质的总称,为白色不定形粉末。茶多酚又名抗氧灵、维多酚、防哈灵,是茶叶中多羟基酚类化合物的复合物,由30种以上的酚类物质组成,其主体成分是儿茶素及其衍生物,是茶叶中具有保健功能的主要有效化学成分。茶多酚具有抗氧化、防辐射、抗衰老、降血脂、降血糖、抑菌抑酶等多种生理活性。

茶多酚易溶于热水及乙醇和乙酸乙酯等溶液中,而不溶于氯仿、苯等试剂。利用茶多酚在上述溶剂中具有不同分配系数等特性,可经过多次萃取对其进行提取分离纯化。未氧化的茶多酚及其初级氧化产物易溶于乙酸乙酯。茶多酚能与无机盐中的金属离子(如Ca^{2+}、Mg^{2+}、Zn^{2+}等)配位生成沉淀而对茶多酚进行分离。在一定pH值条件下,酒石酸能与多酚类物质反应形成蓝紫色络合物,该络合物在540 nm波长下具有最大吸光度。在适当范围内,茶多酚的含量与络合物的吸光度成正比,符合朗柏—比尔定律,因此可用分光光度法对茶多酚定量分析。

三、实验试剂和仪器

试剂:干茶叶、乙醇、氯仿、乙酸乙酯、95%乙醇、氯化钙(无水)、氯化镁、硫酸、氨水、硫酸亚铁、酒石酸钾纳、磷酸氢二钠、磷酸二氢钾、茶多酚标准品。

仪器:烧杯、玻棒、漏斗、电子天平、水浴锅、索氏抽提器、PHS-3C数字酸度计、800型离心沉淀器、GSP-805型圆盘搅拌器、79-1磁力加热搅拌器、UV-9100紫外可见分光光度计、微波炉、LD4-800大容量低速离心机、真空干燥箱、分液漏斗、旋转蒸发仪、纱布。

四、实验步骤

(一)茶多酚乙醇提取和有机溶剂纯化实验(3次平行实验)

1. 乙醇提取

称取3 g茶叶磨碎样于烧杯中,加入5倍量(15 mL)85%的乙醇溶液,将烧杯置于 30～40℃ 水浴锅中，浸提 20 min，浸提过程不断搅拌，然后滤出滤液，剩下的茶渣再加 2 至 3 倍量(6～9 mL)85% 乙醇，再浸提 20 min，过滤。合并两次滤液(取 3 mL 留样分析)。

2. 减压浓缩

将滤液装入圆底烧瓶，用旋转蒸发仪在 40～50℃ 水浴温度下减压浓缩，直至乙醇基本被除去。

3. 氯仿除去杂质

将浓缩液装入分液漏斗中，加入同等体积的氯仿。摇匀后混合液分为两层，除去下层液即氯仿层(含有脂溶色素、树脂、咖啡碱等杂质)，上层液再加氯仿萃取 3 次，直至氯仿层基本无色。最后倒出上层液(即茶多酚层)，用热气驱去残余氯仿及乙醇，冷却。

4. 乙酸乙酯萃取茶多酚

由于未氧化的茶多酚及其初级氧化产物易溶于乙酸乙酯，故用乙酸乙酯把茶多酚从水相中萃取出来，其中乙酸乙酯∶水 = 1∶1(体积比)，乙酸乙酯的密度小于水。放出下层水相，再加乙酸乙酯重复萃取 3 次。

5. 浓缩干燥

上述乙酸乙酯萃取液装入旋转蒸发仪中，在 40～50℃ 水浴温度下减压浓缩到较小体积，基本除尽乙酸乙酯，剩下的即为纯化后的茶多酚。

(二)茶多酚水提取和离子沉淀纯化实验(3 次平行实验)

1. 水提取

准确称取磨碎茶样 3 g 置于 500 mL 三角烧瓶中，待水浴锅温度已达 95℃，加沸水 300 mL 至三角烧瓶中。此后立即将烧瓶置于 95℃ 以上水浴锅中浸提 45 min(提取温度高于 95℃)，浸提期间每隔 10 min 左右摇动一次，45 min 以后趁热抽气过滤，滤液转入 500 mL 容量瓶中，剩下的残渣应以沸水洗涤 2 至 3 次，滤液同样装入容量瓶中，待冷却后加水至刻度备用(取 3 mL 留样分析)。

2. 沉淀茶多酚

准确移取 20 mL 茶多酚粗提液，在 pH = 7.5(7.0～8.0)条件下加入 1.5 g 氯化钙，待反应充分后，离心分离，即得茶多酚 - 钙盐沉淀。

3. 沉淀转溶

由于硫酸钙的沉淀系数大于茶多酚-钙盐的沉淀系数,故向茶多酚-钙盐沉淀物中加入 40 mL 2 mol/L 的硫酸溶液,搅拌,并在 20℃下放置 15 min,使之溶解,得滤液。

4. 乙酸乙酯萃取

以乙酸乙酯与滤液的体积比为 1∶1 的比例对滤液进行萃取,放出下层水相,再加乙酸乙酯重复萃取 3 次。

5. 浓缩干燥

上述乙酸乙酯萃取液装入旋转蒸发仪中,在 40~50℃水浴温度下减压浓缩到较小体积,基本可除尽乙酸乙酯,剩下的即为纯化后的茶多酚。

(三)注意事项

(1)钙盐沉淀茶多酚的适宜 pH 值为 7.0~8.0,pH=7.5 时沉淀率较高。

(2)钙盐加入量与茶叶质量之比为 1∶2 适宜。

(3)酸浓度、转溶温度、转溶时间、料酸比各因素对茶多酚的溶出量贡献程度大小依次为:酸浓度>料酸比>转溶温度>转溶时间。

(4)茶多酚-钙盐沉淀转溶的最佳条件为:茶多酚-钙盐沉淀用 2 mol/L 硫酸溶液,以料酸体积比 1∶2 于 20℃转溶 15 min 1 次。

(四)茶多酚含量和纯度测定分析

1. 试剂的配制

(1)酒石酸亚铁溶液:称取硫酸亚铁 0.1 g 和酒石酸钾钠 0.5 g 于烧杯中,用少量蒸馏水溶解后,转移至 100 mL 容量瓶中,定容至刻度。现配现用。

(2)1 mg/mL 茶多酚标准溶液:采用没食子酸乙酯作为茶多酚标准品。准确称取 250 mg 没食子酸乙酯于烧杯中,用少量蒸馏水溶解后,转移至 250 mL 容量瓶中,定容至刻度。现配现用。

(3)pH=7.5 磷酸盐缓冲溶液:称取 Na_2HPO_4 溶液 23.87 g 于烧杯中,用少量蒸馏水溶解,转移至 1L 容量瓶中,定容至刻度。称取 KH_2PO_4 溶液 9.08 g 于烧杯中,用少量蒸馏水溶解,转移至 1L 容量瓶中,定容至刻度。取上述 Na_2HPO_4 溶液 850 mL 和 KH_2PO_4 溶液 150 mL,均匀混合。

2. 供试品的制备与测定

准确吸取待测溶液 1 mL,将其稀释 1～25 倍。再从稀释液中准确吸取样品溶液 1 mL 于 25 mL 容量瓶中,加蒸馏水 4 mL、酒石酸铁溶液 5 mL,摇匀,再加入 pH = 7.5 的磷酸缓冲液稀释至刻度。以蒸馏水代替样品溶液加入同样的试剂作空白对照。选择 540 nm 波长和 1 cm 的比色杯测定吸光度。

五、注意事项

(1) 磷酸盐缓冲液在常温下容易生长霉菌,日常应放冰箱中保存或临用时现配。

(2) 样品溶液制备中的注意事项:

① 较透明的样液,如果味茶饮料,将样液充分摇匀后,直接取样测定。

② 较浑浊的样液,如果汁茶饮料、奶茶饮料等,称取充分混匀的样液 25 mL 于 50 mL 容量瓶中,加 95% 的乙醇 15 mL 充分混匀,放置 15 min,用水定容至刻度,过滤。

③ 含有碳酸气的样液,如农夫汽茶,量取充分混匀的样液 100 mL 于 250 mL 容量烧杯中,称取其总量,于电炉上加热至沸,在微沸状态下加热 10 min,以将二氧化碳排除,放冷,用水补足至原质量,摇匀,备用。

④ 测定:准确吸取试液 1 mL,注入 25 mL 的容量瓶中,加水 4 mL 和酒石酸亚铁溶液 5 mL,充分混合,再加 pH = 7.5 的磷酸盐缓冲液至刻度,用 10 mm 比色杯在波长 540 nm 处以试剂空白溶液作参比测定吸光度(A)。

六、实验结果及处理

1. 测定项目

(1) 浸提液中茶多酚吸光度的测定。
(2) 最终产品质量的测定。
(3) 产品溶于水后茶多酚吸光度的测定。

2. 计算项目及计算方法

(1) 茶多酚含量的计算:

$$茶多酚含量(mg/mL) = \frac{1.957AX}{500}$$

式中：A——样品溶液的吸光度值；

X——待测样品的稀释倍数；

1.957——用 1 cm 比色杯，当吸光度为 0.5 时，每毫升试液中茶多酚的浓度为 1.957 mg/mL。

（2）浸提过程中浸提液中茶多酚总量（M_1）的计算：

$$M_1(\mathrm{mg}) = 浸提液中茶多酚的含量\left(\frac{\mathrm{mg}}{\mathrm{mL}}\right) \times 浸提液体积(\mathrm{mL})$$

（3）产品中茶多酚净重（M_2）的计算：

$$M_2(\mathrm{mg}) = 产品待测液中茶多酚的含量\left(\frac{\mathrm{mg}}{\mathrm{mL}}\right) \times 待测液体积(\mathrm{mL})$$

（4）产品纯度的计算：

$$纯度 = \frac{茶多酚净重(M_2)}{最终产品重量} \times 100\%$$

3. 实验数据整理

（1）茶多酚乙醇提取和有机溶剂纯化实验的相关数据如表 3-2 所示。

表 3-2　茶多酚测定结果与实验结果

待测值	茶叶用量/g	浸提液体积/mL	浸提液中茶多酚含量/(mg·mL^{-1})	浸提液中茶多酚总量/mg	最终产品质量/mg	产品中茶多酚净重/mg	茶多酚纯度/%
1							
2							
3							

（2）茶多酚水提取和离子沉淀纯化实验的相关数据如表 3-3 所示。

表 3-3　茶多酚测定结果与实验结果

待测值	茶叶用量/g	浸提液体积/mL	浸提液中茶多酚含量/(mg·mL^{-1})	浸提液中茶多酚总量/mg	最终产品质量/mg	产品中茶多酚净重/mg	茶多酚纯度/%
1							
2							
3							

七、思考题

(1) 结合本实验分析醇提和水提工艺方法的优缺点。
(2) 分析影响茶多酚产品产率的因素有哪些。

第四章　生物药物的提取

实验一　凝血酶的提取、纯化和效价测定

一、实验目的

(1) 了解凝血酶的性能及用途。
(2) 掌握从动物血液中提取、纯化生物药品凝血酶的工艺过程和操作方法。
(3) 掌握凝血酶的效价测定方法。

二、实验原理

凝血酶是机体凝血系统中的天然成分，它由两条肽链组成，多肽链之间由二硫键连接。凝血酶在动物体内以凝血酶原形式存在，在一定条件下凝血酶可被激活并转化为有活性的一种蛋白质水解酶。分子量335 800，白色无定形粉末，溶于水，不溶于有机溶剂。

目前国内主要从动物血浆及人血浆中提取凝血酶原，再使其经激活物激活而成为凝血酶。它可催化血纤维蛋白原中血纤维肽A和肽B的断裂，使血纤维蛋白质转变成不溶性血纤维蛋白凝块。凝血酶在临床上应用广泛，常以其干粉或溶液形态局部涂于伤口及手术处，以控制毛细血管血液渗出，多用于骨出血、扁桃腺摘除和拔牙时出血等。有时也可口服，用于胃和十二指肠出血。凝血酶局部止血效果好，且无副作用。目前凝血酶的应用范围正日渐扩大，由单纯的局部外敷发展到外科手术、耳鼻喉、口腔、妇产、泌尿及消化道等部位出血的止血，亦可作为多种外用止血药物的重要原料，其止血效果优于"对氨基苯甲酸""止血环

酸""止血敏"等通过注射后须经血管收缩而起止血作用的药物,故深受广大用户的欢迎。由于这些药物于临床使用上日渐广泛,将使目前十分紧俏的凝血酶更趋紧缺。

目前纯化凝血酶的分离主要采用离子交换色谱及亲和色谱两种办法。离子交换色谱的原理是离子交换色谱里固定相中存在一些带电荷的基团,这些带电基团通过静电相互作用与带相反电荷的离子结合,如果流动相中存在其他带相反电荷的离子,按照质量作用定律,这些离子将与结合在固定相上的反离子进行交换。亲和色谱常用的配基有对氯苄胺、对氨基苯甲醚和肝素。以琼脂糖凝胶4B为载体,肝素为配基合成的亲和吸附剂,用于亲和色谱纯化猪凝血酶,可获得比活较高的凝血酶制剂。

三、实验试剂与仪器

试剂:动物血液(须选用新鲜的动物血液)、柠檬酸三钠($Na_3C_6H_5O_7 \cdot 2H_2O$)、醋酸、氯化钠、氯化钙、丙酮、乙醇、乙醚、草酸钾、标准纤维蛋白原。

仪器:电动搅拌器、冷冻离心机、布氏漏斗、真空干燥箱、冷藏柜、酸度计、小研钵、温度计、天平、低温恒温箱、烧杯、量筒等。

四、实验步骤

(一)凝血酶的提取工艺

1. 工艺流程

凝血酶的提取工艺如图4-1所示。

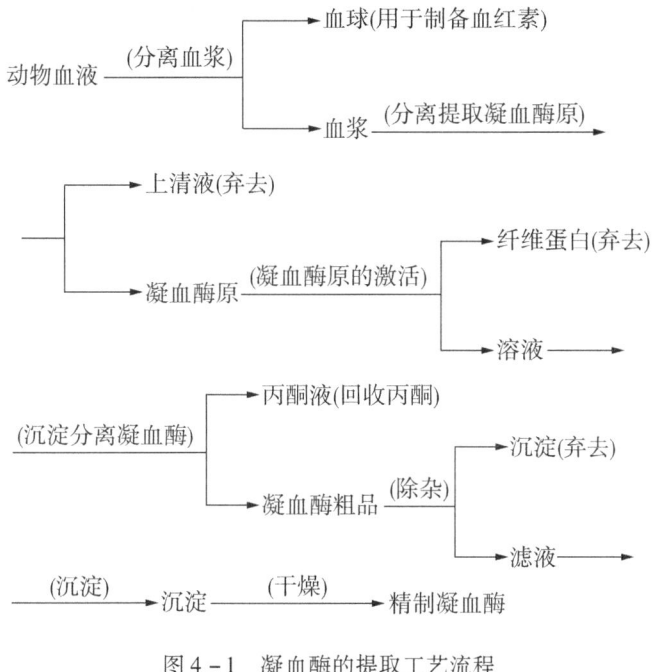

图 4-1 凝血酶的提取工艺流程

2. 操作步骤

（1）分离血浆，提取凝血酶原：取动物血液，按每千克动物血液加 3.8 g 柠檬酸三钠的比例投料，搅拌均匀，装入离心管中，以 3000 r/min 的速度离心 15 min，分出血细胞（可供制备血红素），收集上层血浆。把血浆溶于体积为其 10 倍的蒸馏水中，用 1% 浓度的醋酸调节 pH 值至 5.3，在离心机上以 4000 r/min 离心 15 min，弃去上清液，收集到的沉淀物即为凝血酶原。

（2）凝血酶原的激活：在 30℃ 的条件下，将上述制备的凝血酶原溶于 1~2 倍的 0.9% 氯化钠溶液中，搅拌均匀，加入占凝血酶原重量 1.5% 的氯化钙，在 37℃ 恒温条件下搅拌 15 min，在 4℃ 下放置 1.5 h 左右，以保证凝血酶原转化为凝血酶。

（3）沉淀分离凝血酶：将激活的凝血酶溶液用离心机以 4000 r/min 离心 15 min，弃去沉淀。上清液移入烧杯中，加入等量的已预冷至 4℃ 的丙酮，搅拌均匀，在 4℃ 条件下静置过夜。用离心机分离，收集沉淀，上清液可供回收丙酮用。沉淀用丙酮洗涤并研细，然后过滤；沉淀分别用乙醇和乙醚洗涤一次，置真空干燥器中干燥，即得凝血酶粗品。

（4）除杂、沉淀、干燥：把粗品溶于适量（1 倍左右）的 0.9% 氯化钠溶液中，在0℃放置6h以上,然后用滤纸过滤,滤出的沉淀再用0.9%氯化钠溶液溶解,在0℃放置6h以上,过滤,合并两次滤液,用1%醋酸溶液调节pH值为5.5。然后离心,弃去沉淀,收集上层清液。在清液中加入2倍量的已预冷至4℃的丙酮,静置3h,离心30 min,收集沉淀。沉淀再浸泡于冷丙酮中,静置过夜,然后过滤。沉淀分别用无水乙醇、乙醚各洗涤一次,干燥即得凝血酶产品。

(二)凝血酶效价测定

1. 标准纤维蛋白测定法

凝血酶的单位定义为活度量,此法中,凝血酶活度量的测算原理为1 mL标准纤维蛋白原溶液在28℃、15 s内产生凝集的量为凝血酶的一个单位活度量。具体做法是:将凝血酶样品配成适当浓度,取0.2 mL,加入0.8 mL 0.125%的纤维蛋白原溶液,于28℃测定其凝结时间(先将凝血酶配成一定浓度),得到每毫克样品所含单位的估算值。再按估算值配成0.2 mL含1个单位的凝血酶溶液,取0.2 mL加入0.8 mL 0.125%的纤维蛋白原溶液中,凝结时间须为15 s。

2. 草酸盐牛血清测定法

此法中,凝血酶活度量的测算原理为1 mL草酸盐牛血清在28℃、15 s内产生凝集则含凝血酶2.25单位。具体做法是:7份牛血清与1份等渗草酸钾溶液(1.85%)混合,离心分离得草酸盐牛血清(-40℃温度下只能保存两个星期)。取几只试管,各加0.9 mL草酸盐牛血清,依次加入不同稀释度的凝血酶样品溶液0.1 mL,通过反复试验,确定适宜的稀释度,使之在15 s内产生凝集。如前面的定义所述,在15 s出现凝集的试管含2.25单位凝血酶。估量稀释度后,很快就可以确定凝血酶原液的滴定度及每毫升或每毫克凝血酶的单位。

五、注意事项

(1)动物血液一定要新鲜,要防止血液凝固、溶血。
(2)所用器具一定要干净,以防影响产品的纯度。
(3)试剂的配制及pH值的调节一定要准确,才可保证产品的产量及质量。
(4)生产温度应控制在规定的条件下,低温提取可保证酶不失活。

六、实验结果与讨论

(1) 记录实验条件、过程及现象。
(2) 计算该实验所制备的凝血酶的效价。

七、思考题

(1) 什么叫酶原的激活？激活酶原有哪些方法？
(2) 在凝血酶的分离提纯中，加入丙酮将起到什么样的作用？原理是什么？
(3) 分离凝血酶时应注意哪些主要问题？

实验二　猪胰蛋白酶的制备和活性的测定

一、实验目的

(1) 掌握胰蛋白酶的纯化及结晶的基本方法。
(2) 熟悉酶的活性与比活性的概念。

二、实验原理

胰蛋白酶一般以无活性的酶原形式存在于动物胰脏中。在 Ca^{2+} 的存在下，胰蛋白酶源可被肠激酶或有活性的胰蛋白酶自身激活，从肽链 N 端赖氨酸和异亮氨酸残基之间的肽键断开，失去一段六肽，分子构象发生一定改变后转变为有活性的胰蛋白酶。胰蛋白酶原的分子量约为 24 000，其等电点约为 pH=8.9，胰蛋白酶的分子量与其酶原接近(23 300)，其等电点约为 pH=10.8，最适宜的 pH 值为 7.6~8.0。在 pH=3 时最稳定，低于此 pH 时，胰蛋白酶易变性。在 pH>5 时，易自溶。Ca^{2+} 离子对胰蛋白酶有稳定作用。

重金属离子、有机磷化合物和反应物都能抑制胰蛋白酶的活性，胰脏、卵清和豆类植物的种子中都存在着蛋白酶抑制剂。在一些植物的块茎(如土豆、白薯、芋头等)中也存在胰蛋白酶抑制剂。

胰蛋白酶能催化蛋白质的水解,对于由碱性氨基酸(精氨酸、赖氨酸)的羧基与其他氨基酸的氨基所形成的键具有高度的专一性。此外胰蛋白酶还能催化由碱性氨基酸的羧基形成的酰胺键或酯键,其高度专一性仍表现为对碱性氨基酸一端的选择。胰蛋白酶对这些键的敏感性次序为:酯键>酰胺键>肽键。因此可利用含有这些键的酰胺或酯类化合物作为底物来测定胰蛋白酶的活力。

目前常用苯甲酰-L-精氨酸-对硝基苯胺(简称 BAPA)和苯甲酰-L-精氨酸-β-萘酰胺(简称 BANA)测定酰胺酶活力。用苯甲酰-L-精氨酸乙酯(简称 BAEE)和对甲苯磺酰-L-精氨酸甲酯(简称 TAME)测定酯酶活力。本实验以 BAEE 为底物,用紫外吸收法测定胰蛋白酶活力。酶活力单位的规定常因底物及测定方法而异。

从动物胰脏中提取胰蛋白酶时,一般是用稀酸溶液将胰腺细胞中含有的酶原提取出来,然后再根据等电点沉淀的原理,调节 pH 以沉淀除去大量的酸性杂蛋白以及非蛋白杂质,再以硫酸铵分级盐析将胰蛋白酶原等(包括大量糜蛋白酶原和弹性蛋白酶原)沉淀析出。经溶解后,以极少量活性胰蛋白酶激活,使其酶原转变为有活性的胰蛋白酶(糜蛋白酶和弹性蛋白酶同时也被激活),对于被激活的酶溶液,再以盐析分级的方法除去其中的糜蛋白酶及弹性蛋白酶等组分。收集含胰蛋白酶的组分,并用结晶法进一步分离纯化。一般经过 2~3 次结晶后,可获得相当纯的胰蛋白酶,其比活力可达到每毫克蛋白 8000~10000BAEE 单位,或更高。

如需制备纯度更高的制剂,可通过亲和层析方法纯化上述酶溶液。

三、实验试剂和仪器

试剂:pH = 2.5 的乙酸水溶液、硫酸、氢氧化钠、盐酸、硫酸铵、氯化钙、pH = 9.0 的硼酸缓冲液、pH = 8.0 的硼酸缓冲液、pH = 8.0 的 Tris – HCl 缓冲液、新鲜或冰冻猪胰脏。

仪器:食品加工机、高速分散器、研钵、玻璃漏斗、布氏漏斗、抽滤瓶、纱布、恒温水浴、紫外分光光度计、秒表、pH 试纸。

四、实验步骤

(一)溶液的配制

(1)0.8 mol/L pH = 9.0 硼酸缓冲液的配制:取 20 mL 0.8 mol/L 硼酸溶液,加

80 mL 0.2 mol/L 四硼酸钠溶液，混合后，用 pH 计检查校正。

(2) 0.4 mol/L pH = 9.0 硼酸缓冲液的配制：将 0.8 mol/L 硼酸溶液稀释 1 倍即可。

(3) 0.2 mol/L pH = 8.0 硼酸缓冲液的配制：取 70 mL 0.2 mol/L 硼酸溶液，加 30 mL 0.5 mol/L 四硼酸钠溶液，混合后，用 pH 计检查校正。

(4) 0.05 mol/L pH = 8.0 Tris – HCl 缓冲液的配制：取 50 mL 0.1 mol/L Tris 加 29.2 mL 0.1 mol/L HCl 加水定容至 100 mL。

(5) 底物溶液的配制：即每毫升 0.05 mol/L pH = 8.0 的 Tris – HCl 缓冲液中加 0.34 mg BAEE 和 2.22 mg 的氯化钙。

(二) 胰蛋白酶的制备(以猪胰蛋白酶为例)

1. 胰蛋白酶原的提取

取猪胰脏 1.0 kg(新鲜的或杀后立即冷藏的)，除去脂肪和结缔组织后，绞碎。加入 2 倍体积预冷的乙酸水溶液(pH = 2.5)于 10～15℃搅拌提取 24 h，以四层纱布过滤得乳白色滤液，用 2.5 mol/L 的 H_2SO_4 调滤液 pH 值至 2.5～3.0，静置 3～4 h 后用折叠滤纸过滤得黄色透明滤液(约 1.5 L)。加入固体硫酸铵(预先研细)，使溶液达 0.75 饱和度(每升滤液加 492 克)，静置过夜后抽滤(挤压干)，得胰蛋白酶原粗制品。

2. 胰蛋白酶原的激活

向胰蛋白酶原粗制品滤饼分次加入 10 倍体积(按饼重计)冷的蒸馏水，使滤饼溶解，得胰蛋白酶原溶液。将研细的固体无水氯化钙粉末慢慢加入酶原溶液中(滤饼中硫酸铵的含量按饼重的四分之一计)，使 Ca^{2+} 与 SO_4^{2-} 结合后，边加边搅拌均匀，使溶液中最终仍含有 0.1 mol/L $CaCl_2$。用 5 mol/L NaOH 调 pH 至 8.0，加入极少量结晶胰蛋白酶(约 2～5 mg)轻轻搅拌，于冰箱内活化 8～10 h(活化过程中 2～3 h 取样一次，并用 0.001 mol/L HCl 稀释)，测定酶活性增加的情况。活化完成(比活 3500～4000BAEE 单位)后，用 2.5 mol/L H_2SO_4 调 pH 至 2.5～3.0，抽滤除去 $CaSO_4$ 沉淀。

3. 胰蛋白酶的分离

将已激活的胰蛋白酶溶液按 242 g/L 的比例加入细粉状固体硫酸铵，使溶液达到 40% 饱和度，放置数小时后，抽滤，保留滤液。往滤液中按 250 g/L 的比例添加研细的硫酸铵，使溶液饱和度达到 0.75，放置约 8 h，抽滤，收集沉淀，并称量其重量。

4. 胰蛋白酶的结晶

将上述胰蛋白酶滤饼(粗胰蛋白酶)溶解后进行结晶:按每克滤饼溶于1.0 mL pH=9.0 的 0.4 mol/L 硼酸缓冲液的量加入缓冲液,小心搅拌溶解。用 2 mol/L NaOH 调节 pH 至 8.0,因偏酸不易结晶,偏碱易失活,注意要小心调节。后存放于冰箱。放置数小时后,应出现大量絮状物,溶液逐渐变黏稠呈胶态,再加入与总体积比例为 5:1 至 4:1 的 pH=8.0 的 0.2 mol/L 硼酸缓冲液,使胶态分散,必要时加入少许胰蛋白酶晶体。放置 2~5 d 可得到大量胰蛋白酶结晶,待结晶析出完全时,抽滤,得到产物,回收母液。

5. 胰蛋白酶的重结晶

将第一次结晶的胰蛋白酶产物进行重结晶:用约 1 倍的 0.025 mol/L HCl,使上述结晶分散,加入 1.0~1.5 倍体积的 pH=9.0 的 0.8 mol/L 硼酸缓冲液,至结晶酶全部溶解,取样后,用 2 mol/L 的 NaOH 调节溶液 pH 至 8.0(准确)(体积过大,很难结晶),冰箱放置 1~2 d,可对析出的大量结晶进行抽滤,得第二次结晶产物(母液回收),冷冻干燥后得重结晶的猪胰蛋白酶。

(三)胰蛋白酶活性的测定

以苯甲酰 L-精氨酸乙酯(英文缩写为 BAEE)为底物,用紫外吸收法进行测定。苯甲酰 L-精氨酸乙酯在波长 253 nm 下的紫外吸收远远弱于苯甲酰 L-精氨酸(英文缩写为 BA)。在胰蛋白酶的催化下,随着酯键的水解,苯甲酰 L-精氨酸逐渐增多,反应体系的紫外吸收也随之相应增加。

取 2 个光程为 1 cm 的带盖石英比色杯,分别加入 25℃下预热过的 2.8 mL 底物溶液。向一只比色杯中加入 0.2 mL 0.001 mol/L HCl,作为空白对照,校正仪器的 253 nm 处光吸收零点。再在另一比色杯中加入 0.2 mL 待测酶液(用量一般为 10 μg 结晶的胰蛋白酶),立即混匀并计时,每半分钟读数一次,共读 3~4 min。控制 A_{253}/min 在 0.05~0.100 为宜。绘制酶促反应动力学曲线,从曲线上求出反应起始点吸光度随时间的变化率(即初速度)ΔA_{253}/min。

胰蛋白酶活力单位的定义规定为:以 BAEE 为底物反应液,在 pH=8.0,25℃,反应体积 3.0 mL,光径 1 cm 的条件下,测定 ΔA_{253},每分钟使 ΔA_{253} 增加 0.001,反应液中所加入的酶量为一 BAEE 单位。

胰蛋白酶溶液的活力单位(BAEE 单位/mL) = $\dfrac{\Delta A_{253}/\min}{0.001 \times 酶液加入体积}$ × 稀释倍数

$$胰蛋白酶比活力(\text{BAEE 单位}/\text{mg}) = \frac{\text{酶液活力}}{\text{胰酶浓度}\left(\frac{\text{mg}}{\text{mL}}\right) \times \text{酶液加入体积}}$$

五、注意事项

(1)胰脏必须是刚屠宰得到的新鲜组织或屠宰后立即低温存放的,否则可能因组织自溶而导致实验失败。

(2)在室温14～20℃条件下8～12 h可使酶激活完全,激活时间过长,因酶本身自溶而会使比活降低,比活性达到"3000～4000BAEE 单位/mg 蛋白"时即可停止激活。

(3)要想获得胰蛋白酶结晶,在进行相关操作时应十分细心地按规定条件执行,切勿粗心大意,前几步的分离纯化效果愈好,则培养结晶也较容易,因此要严格执行每一步操作。酶蛋白溶液过稀难形成结晶,过浓则易形成无定形沉淀析出,因此其浓度必须恰到好处,一般来说待结晶的溶液开始时应略呈微浑浊状态。

(4)过酸或过碱都会影响结晶的形成及酶活力的变化,必须严格控制pH。

(5)第一次结晶时,若3～5 d后仍然无结晶,应检查pH,必要时重新调整pH至8.0或加入微量胰蛋白酶晶种,以促使结晶形成。重结晶时间要短些。

六、实验结果与讨论

(1)记录实验条件、过程及现象;记录产品猪胰蛋白酶的外观和质量。
(2)计算本次实验制备的胰蛋白酶的活力。

七、思考题

(1)提取制备猪胰蛋白酶的过程中,应特别注意哪些重要环节和影响因素?
(2)pH值在胰蛋白酶的制备中有着什么样的影响?
(3)哪些因素是直接影响晶体形成的主要原因?应该注意哪些条件?
(4)在实验中,可以采取什么方法来提高产率和比活率?

实验三　胆红素的提取和含量测定

一、实验目的

(1)了解胆红素的性质及用途。
(2)通过本实验具体操作,掌握并熟悉从动物胆汁中提取制备胆红素的方法及相关操作原理和步骤。
(3)掌握胆红素含量的测定方法。

二、实验原理

胆红素是一种直链吡咯化合物,属于二烯胆素类,化学式为 $C_{33}H_{36}N_4O_6$,主要存在于动物的胆和肝脏中,为血红蛋白分解代谢后还原产物。人体每天可分解形成胆红素 250～350 mg。胆红素在肝内与葡萄糖醛酸结合形成胆红素酯,它在胆汁中约占 80%,其中 70%～80% 为二葡萄糖醛酸酯,20%～30% 为单葡萄糖醛酸酯及微量的胆红素与葡萄糖或木糖的结合物。结合的胆红素呈弱酸性,溶于水,分子大,带电荷,不能通过生物膜;而非结合胆红素的 pH 值多为 8.3,在体内的酸碱度(pH = 7.2)范围内,不溶于水,溶于脂肪,能透过生物膜进入细胞。哺乳动物不能排泄非结合胆红素,这种脂溶性的非结合胆红素一般经肠道后变为尿胆原被排出体外。

游离的胆红素可以和蛋白质等物质形成稳定的复合物,这种复合物对蛋白质具有亲和力,对 W256 肿瘤和脑炎病毒有较好的抑制作用。胆红素钙盐有镇静、解热、促进红血球新生的作用。

目前国内外制取胆红素的方法有三种:第一种是全合成法,其最早是用 1-氢-4-甲基-3-丙醇基吡咯与浓过氧化氢在吡啶中反应开始,经一系列冗长的反应产生胆红素;第二种是半合成法,其原料是血红素,此法首先把血红素溶于含水的吡啶中,在肼/氧条件下,偶合氧化得到胆绿素,然后用矿朋酸钠将胆绿素还原为胆红素;第三种方法就是从胆汁中提取胆红素,我国生猪资源丰富,所以此方法目前比较盛行。本实验即是从胆汁中提取制备胆红素。

三、实验试剂与仪器

试剂：95%乙醇、对氨基苯磺酸、氯仿、浓盐酸、亚硝酸钠、氢氧化钠、新鲜猪胆(市售)。

仪器：旋转蒸发仪、分光光度计、分析天平、pH 计、分液漏斗、纱布、剪刀、恒酸水浴锅。

四、实验步骤

(一)胆红素提取工艺(以猪胆红素为例)

1. 过滤与皂化

取新鲜的猪胆，用不锈钢剪刀剪破，双层纱布过滤胆汁，除去油脂及杂质，重量稳定后移入反应锅中。在搅拌下加热到 60~70℃，用 8% 的氢氧化钠溶液缓慢调节其 pH 至 10.5~11.5，然后继续搅拌加热到 90℃，保温 10 min 左右(小心操作注意勿使泡沫溢出)。停止加热，取下冷却至 50℃(夏季冷却至 30℃左右)。

2. 酸化抽提

量取体积为上述皂化液 30% 的氯仿置于反应锅中，搅拌使混合均匀，用稀释好的稀盐酸边加边搅拌调节 pH 至 3.8~4.1(滴加盐酸过程速度要慢)。在分液漏斗中静置 20~30 min，使分层，上层为胆酸和水溶液，下层为黄色的氯仿提取液。小心分下层氯仿提取液，上层再用 20% 体积的氯仿再萃取二次，合并有机层。

3. 蒸馏干燥

将氯仿提取液加入蒸馏瓶中，放置旋转蒸发器上减压蒸馏(开始温度不可过高)，当蒸馏瓶中液体体积很少时，可适当提高温度以除尽氯仿。当瓶口几乎没有氯仿味时，加入 95% 乙醇 10~15 mL，继续蒸馏以确保氯仿被蒸馏干净，此时停止蒸馏并趁热过滤，用 65℃、95% 的乙醇溶液小心洗涤滤饼一次，取出滤饼，干燥，得粗品胆红素，置棕色瓶中保存待测，计算所得产品的收率。

(三) 胆红素含量的测定

1. 测定原理

胆红素和重氮化试剂反应，产生偶氮染料，它在强酸中呈蓝紫色。在pH值为2.0～5.5范围内呈红色，在pH值5.5以上呈绿色。

2. 标准溶液和供试品的配制

精确称取标准胆红素0.01 g、上述试样胆红素0.02 g，分别以氯仿溶入50 mL棕色瓶中，加入氯仿至刻度，各取10 mL于50 mL棕色容量瓶中，以95%乙醇稀释至刻度。标准溶液胆红素为0.00004 g/mL。

3. 标准曲线的绘制

精确量取胆红素标准溶液0、1、2、3、4、5 mL置于带色试管中，分别加入95%乙醇9、8、7、6、5、4 mL使每个试管中溶液的总体积均为9 mL，再分别加入1 mL重氮化试剂，混合均匀，在20℃暗处静置1 h，在波长520 nm处测光吸收值，并以光吸收值为纵坐标，各管所含胆红素浓度为横坐标，画出标准曲线。

4. 样品的测定

取样品液3 mL，加95%乙醇6 mL、重氮化试剂1 mL，混合均匀，在暗处20℃静置1 h，于波长520 nm处测定光吸收值，从所绘制的标准曲线上查得胆红素的含量，然后按下式计算样品中胆红素的含量(c_2)。

$$c_2 = \frac{10c_1}{3} \quad (g/mL)$$

式中，c_1为由标准曲线计算所得浓度，单位为g/mL。

重氮化试剂的配制如下：溶液A：对氨基苯磺酸1.0 g，加浓盐酸156 mL、水985 mL；溶液B：0.5%亚硝酸钠溶液。临用时，取10 mL A溶液，加入0.5 mL B溶液，混匀，放置于暗处备用。

五、注意事项

（1）进行皂化反应时，一般用8%的pH值偏低，水解不完全，有一部分胆红素仍以双葡萄糖醛酸胆红素酯的形式存在，降低了氢氧化钠液调节pH值10.5～11.5。如加碱量不足，产品收率。加碱量过多，则pH值偏高，容易引起氧化，而且给酸化后的分层造成困难。因此务必控制皂化 pH 值在 10.5~11.5 范围内。

(2)根据实践经验,皂化后溶液在夏季冷却到 30℃ 以下比较合适,20 min 左右,酸化即可分层,而冬季常控制在 50℃ 左右,酸化后分层也比较快。

六、思考题

(1)胆红素有哪些性质和用途?
(2)提取胆红素的过程中,哪些因素会影响胆红素的含量和收率?为什么?

实验四 灰黄霉素发酵和提取

一、实验目的

(1)熟悉灰黄霉素主要的性质和临床用途。
(2)掌握灰黄霉素的发酵与制备过程。
(3)加深对微生物药物发酵生产中萃取操作过程的认识。

二、实验原理

灰黄霉素,化学式为 $C_{17}H_{17}ClO_6$,是一种抗真菌的口服药物。临床上主要用于治疗头癣、严重体股癣、叠瓦癣、手足甲癣等,对头癣的疗效较明显。目前临床上使用的灰黄素产品主要是灰黄霉素片和灰黄霉素胶囊。

以 D-756 为灰黄霉素产生菌,发酵产品存在于菌丝体中。灰黄霉素难溶于水,溶于苯甲醇等有机溶剂,工业生产中多以丙酮与吡咯烷酮的混合液作为萃取剂提取精制灰黄霉素。灰黄霉素的熔点为 218~224℃,有旋光性和紫外吸收特征,均可用以产品鉴定分析。其结构如图 4-2 所示。

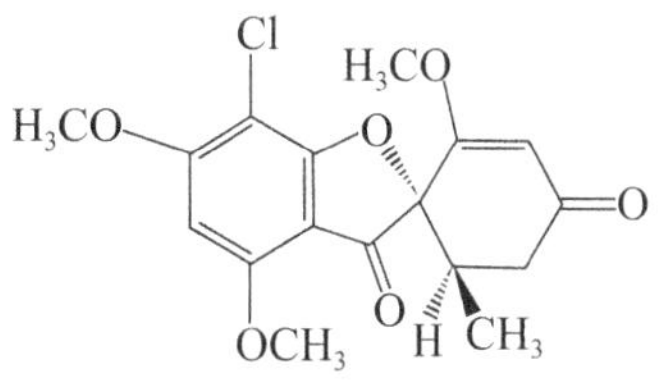

图 4-2 灰黄霉素的结构

三、实验试剂与仪器

试剂：菌种－灰黄霉素生产菌（penicillium patulun，D-756）、沙土孢子、斜面孢子培养基、大米孢子培养基、发酵培养基等。

仪器：恒温培养箱、摇床、离心机、接种用具、发酵罐等。

四、实验步骤

（1）培养基的制备

斜面孢子培养基：蔗糖 3 g，KH_2PO_4 0.3 g，KCl 0.1 g，$NaNO_3$ 0.1 g，$MgSO_4$ 0.1 g，$FeSO_4$ 0.001 g，琼脂 2 g，蒸馏水配制成 100 mL，pH 值无须调节。

大米孢子培养基：蔗糖 5 g，KH_2PO_4 0.5 g，KCl 0.1 g，$NaNO_3$ 0.1 g，$MgSO_4$ 0.1，$FeSO_4$ 0.001，蒸馏水配制成 100 mL，pH 值无须调节；取大米 100 g，加入制成的培养液 70 mL，混合，常压蒸煮 40 min 即成。

发酵培养基：大米粉 15 g，KH_2PO_4 0.8 g，$CaCO_3$ 0.6 g，NaCl 0.4 g，KCl 0.6 g，$MgSO_4$ 0.1 g，$FeSO_4$ 0.1 g，$NaNO_3$ 0.1 g，$(NH_4)_2SO_4$ 0.1 g，自来水配制成 100 mL，pH 值无须调节。

（2）斜面孢子的制备：挑取适量沙土孢子，均匀接种于斜面培养基（将斜面孢子培养基 50 mL 置于 250 mL 茄形瓶中）表面。置 28℃恒温条件下培养 7 d。

（3）大米孢子的制备：用分离纯化好的 D-756 菌株接入大米孢子瓶（将大米孢子培养基 25 mL 置于 250 mL 茄形瓶）内。置 28℃恒温条件下培养 7 d。

（4）种子液的制备：从装有已培养成熟的大米孢子的瓶内取 3 颗带孢子的米粒，接入摇瓶发酵培养基（将培养基 30 mL 置于 250 mL 三角烧瓶）内。置于旋转式摇瓶机上，转速 240 r/min，温度 30℃，发酵时间 32 h。

（5）按接种量的 5%～10% 接入种子液，在全自动发酵罐中进行培养，温度控制在 28℃，根据溶氧情况调节转速和空气流量，全程控制溶氧程度大于 30%，100 h 后开始补料，每天补 3 次，控制还原糖 1.5%～2.0%（发酵过程中取样测量其中的还原糖含量），培养时间 10～15 d。

（6）发酵结束后，将发酵液以 3500 r/min 的转速离心 15 min，将滤饼移入适量的丙酮—吡咯烷酮（体积比 10∶1）的混合溶液中，充分搅拌，使菌丝良好溶解。再将萃取溶液以 3500 r/min 的转速离心 10 min，取清液，蒸干，得到产品，

80℃条件下进行干燥。

对灰黄霉素粗品进行重结晶。测定其熔点、比旋光度和紫外吸收光谱。

五、注意事项

须严格控制发酵的温度和时间。

六、实验结果与讨论

（1）记录实验条件、过程及现象；记录产品灰黄霉素的外观和质量。
（2）记录灰黄霉素的熔点、比旋光度和紫外吸收光谱。

七、思考题

（1）简述灰黄霉素发酵工艺的控制要点。
（2）进行丙酮—吡咯烷酮混合溶剂萃取时，离心操作中有什么因素是不利于工业化生产的？
（3）如何用过滤来替代离心操作？

第五章　综合性实验

实验一　纯化水的制备和质量检测

一、实验目的

(1)掌握纯化水制备的原理和方法。
(2)掌握纯化水中杂质检查的主要项目、检查原理与方法,掌握进行各项检查的具体操作方法。

二、实验原理

制药用水包括:饮用水、纯化水、注射用水及灭菌注射用水。纯化水为自来水经离子交换法、反渗透法或电渗析法所制得的水,可用于配制普通制剂的溶剂或试验用水、灭菌或非灭菌制剂所用药材的提取溶剂以及非灭菌制剂用器具的精洗。注射用水为纯化水经蒸馏所得的水,为配制注射剂用的溶剂。灭菌注射用水为注射用水经灭菌制得的水,主要用于注射用灭菌粉末的溶剂或注射用的稀释剂。灭菌注射用水的制备工艺流程如下:

自来水──→细过滤器──→电渗析装置或反渗透装置──→阳离子树脂床──→脱气塔──→阴离子树脂床混合树脂床──→多效蒸馏水机──→热储水机──→注射用水──→灭菌注射用水。

电渗析法或反渗透法常用于原水的预处理,经处理的水供离子交换法使用,可减轻离子交换树脂的负担。电渗析法利用离子在电场作用下离子定向迁移和交换膜的选择性透过作用,将阳离子交换膜安装在阴极端,只允许阳离子通过;阴离子膜安装在阳极端,只允许阴离子通过。电渗析法可用于制备离子含量较高的水。反渗透法系在盐溶液上施加大于盐溶液渗透压的压力,则盐溶液中的水将向纯水一侧渗透。反渗透法常用的膜材有醋酸纤维膜和聚酰胺膜。

离子交换法利用阳、阴离子树脂来除去绝大部分阳、阴离子,这种方法对热原、细菌也有一定的清除作用。市售的离子交换树脂分为钠(阳)型和氯(阴)型。处理原水时可采用阳床、阴床、混合床组合的形式(阴、阳树脂以一定比例混合组成)。为减轻阴离子的负担,常在阳床后加脱气塔,除去二氧化碳。使用一段时间后,需用酸碱使阴阳离子交换树脂再生,或对其进行更换。经离子交换处理所得的水为纯化水。

《中华人民共和国药典》(2020年版)的"注射用水"收载的注射用水的制备方法为蒸馏法,即纯化水经蒸馏得到注射用水。灭菌注射用水为注射用水按照注射剂生产工艺制备而得。

三、实验试剂与仪器

试剂:甲基红指示液、溴麝香草酚蓝指示液、硝酸银试液、草酸铵试液、0.1%二苯胺硫酸溶液、10%氯化钾溶液、对氨基苯磺酰胺的稀盐酸溶液、盐酸萘乙二胺溶液、标准亚硝酸盐溶液、碱性碘化汞钾试液、氢氧化钙试液、氯化铵溶液、标准硝酸盐溶液、氯化钡试液、硝酸、硫酸、无硝酸盐纯化水、无亚硝酸盐纯化水、无氨纯化水、无铅(Ⅱ)纯化水等。

仪器:纯化水制备器、纳氏比色管(50 mL)、移液管(1 mL、2 mL、5 mL)、量筒(10 mL),容量瓶(100 mL)3个、滴管、水浴锅、电炉、蒸发皿(恒重)、电热干燥箱、玻璃干燥器(带干燥的变色硅胶)。

四、实验步骤

(一)性状鉴定

操作方法:目测法检查,取纯化水约50 mL,置洁净纳氏比色管内,在自然光下观察。

结果判定:纯化水为无色的澄明液体、无臭、无味,则判为符合规定;否则判为不符合规定。

(二) 性能及成分检验

1. 酸碱度

操作方法：取纯化水样品 10 mL，置纳氏比色管内，加甲基红指示液 2 滴，不得显红色；另取 10 mL，置纳氏比色管内，加溴麝香草酚蓝指示液 5 滴，不得显蓝色。

结果判定：加甲基红指示液不显红色，且加溴麝香草酚蓝指示液不显蓝色，则判为符合规定；否则为不符合规定。

2. 氯化物、硫酸盐与钙盐

操作方法：取纯化水样品，分置三支试管中，每管各 50 mL。第一管中加硝酸 5 滴与硝酸银试液 1 mL，第二管中加氯化钡试液 2 mL，第三管中加草酸铵试液 2 mL，摇匀，观察结果。

结果判定：三支比色管都不发生浑浊，则判为符合规定；任何一支试管出现浑浊，则判为不符合规定。

3. 硝酸盐

进行硝酸盐成分的检验前，应先完成标准硝酸盐溶液的配制：取硝酸钾 0.163 g，加水溶解并稀释至 100 mL，摇匀。精密量取 1 mL，加水稀释至 100 mL，摇匀。再精准量取 10 mL，加水稀释成 100 mL，摇匀，即得。

操作方法：取两支试管，一支试管中加入纯化水样品 5 mL，另一支试管中加标准硝酸盐溶液 0.3 mL 和无硝酸盐的水 4.7 mL。这两支试管分别进行如下系列操作：于冰浴中冷却，加 10% 氯化钾溶液 0.4 mL 与 0.1% 二苯胺硫酸溶液 0.1 mL，摇匀，缓缓滴加硫酸 5 mL，摇匀，将试管置于 50℃ 水浴中 15 min，观察并比较两支试管中产生的颜色。

结果判定：样品管的颜色不比标准管的蓝颜色更深，则样品硝酸盐的质量分数小于或等于 0.000006%，判为符合规定；样品管的颜色比标准管的颜色更深，则样品硝酸盐的质量分数大于 0.000006%，判为不符合规定。

4. 亚硝酸盐

进行纯化水中亚硝酸盐成分的检验前，应先完成标准亚硝酸盐溶液的配制：取干燥亚硝酸钠 0.750 g，加水溶解并稀释至 100 mL，摇匀。精准量取 1 mL，加水稀释至 100 mL，摇匀。再精准量取 2 mL，加水稀释成 100 mL，摇匀，即得。

操作方法：取两支纳氏比色管，一支纳氏比色管中加入纯化水样品 10 mL，另一支纳氏比色管中加标准亚硝酸盐溶液0.2 mL和无亚硝酸盐的纯化水9.8 mL。这两支纳氏比色管分别进行如下系列操作：加对氨基苯磺酰胺的稀盐酸溶液(1→100)1 mL及盐酸萘乙二胺溶液(0.1→100)1 mL。对所产生的颜色进行比较。

结果判定：样品管的粉红色不比标准管的颜色更深，则样品中亚硝酸盐的质量分数小于或等于0.000002%，判为符合规定；样品管的颜色比标准管的颜色更深，则样品硝酸盐的质量分数大于0.000002%，判为不符合规定。

5. 氨

操作方法：取两支试管，一支试管中加入纯化水样品50 mL，另一支试管中加氯化铵溶液(氯化铵溶液的配制：称取氯化铵6.3 mg，加适量无氨的纯化水使其溶解并稀释成200 mL，摇匀)1.5 mL和无氨纯化水48 mL。这两支试管分别进行如下操作：加碱性碘化汞钾试液2 mL，放置15 min；对所产生的颜色进行比较。

结果判定：样品管的颜色不比标准管的颜色更深，则样品氨的质量分数小于或等于0.00003%，判为符合规定；样品管的颜色比标准管的颜色更深，则样品氨的质量分数大于0.00003%，判为不符合规定。

6. 二氧化碳

操作方法：取纯化水样品25 mL，置于50 mL具塞量筒(或50 mL纳氏比色管)中，加氢氧化钙试液25 mL，加塞，振摇，放置，1 h内观察结果。

结果判定：放置1 h内，不发生浑浊，则判为符合规定；否则判为不符合规定。

7. 易氧化物

操作方法：取纯化水样品100 mL，加稀硫酸10 mL，煮沸后，加高锰酸钾滴定液(0.02 mol/L)0.10 mL，再煮沸10 min，观察结果。

结果判定：煮沸后加高锰酸钾滴定液，粉红色不完全消失，则判为符合规定；若粉红色消失，则判为不符合规定。

8. 不挥发物

操作方法：取纯化水样品100 mL，置于105℃恒重的蒸发皿(事先称好重)中，在水浴上蒸干，并在105℃干燥至恒重，称定蒸发皿重量。

结果判定：遗留残渣质量不超过1.0 mg，则判为符合规定；否则判为不符合规定。

9. 重金属

操作方法：取两支纳氏比色管，一支纳氏比色管中加入纯化水样品 40 mL，另一支纳氏比色管中加标准铅溶液 2.0 mL 和无铅（Ⅱ）纯化水 38 mL。将这两支纳氏比色管分别进行如下系列操作：加醋酸盐缓冲液（pH=3.5）2 mL 与硫代乙酰胺试液（临用新配）2 mL，摇匀，放置 2 min，比较颜色，观察结果。

结果判定：样品管的颜色不比标准管的颜色更深，则样品重金属的质量分数小于或等于 0.00005%，判为符合规定；样品管的颜色比标准管的颜色更深，则样品重金属的质量分数大于 0.00005%，判为不符合规定。

五、实验结果

（一）外观鉴定结果

标准规定：本品为无色的澄明液体；无臭，无味。
外观实验结果：（　　　　　　　　　　　　　　　）。

（二）因素检验记录

1. 酸碱度

取样品 10 mL，加甲基红指示液 2 滴，（　　　　　　　）；另取样品 10 mL，加溴麝香草酚蓝指示液 5 滴，（　　　　　　）。

2. 氯化物

取本品 50 mL 置于试管中，加硝酸溶液 5 滴与硝酸银试液 1 mL，（　　　　　　）。

3. 硫酸盐

取本品 50 mL 置于试管中，加氯化钡试液 2 mL，（　　　　　　　）。

4. 钙盐

取本品 50 mL 置于试管中，加草酸铵试液 2 mL，（　　　　　　　）。

5. 硝酸盐

取本品 5 mL 置于试管中，再将试管置于冰浴中冷却，加 10% 氯化钾溶液 0.4 mL 与 0.1% 二苯胺硫酸溶液 0.1 mL，摇匀，缓缓滴加硫酸溶液 5 mL，摇匀，将试管于 50℃ 水浴中放置 15 min，对溶液产生的蓝色与标准硝酸盐溶液 0.3 mL，加无硝酸盐水4.7 mL,用同一方法处理后的颜色进行比较,(　　　　　　)。

6. 亚硝酸盐

取本品10 mL置于纳氏管中,加对氨基苯磺酰胺的稀盐酸溶液(1→100)1 mL及盐酸萘乙二胺溶液(0.1→100)1 mL,将所呈现的粉红色与往标准亚硝酸盐溶液0.2 mL加无亚硝酸盐的水9.8 mL、用同一方法处理后溶液的颜色进行比较(　　　　　　)。

7. 氨

取本品50 mL,加碱性碘化汞钾试液2 mL,放置15 min;如显色,与由往1.5 mL氯化铵溶液中加48 mL无氨水与2 mL碱性碘化汞钾试液制成的对照液进行比较(　　　　　　)。

8. 二氧化碳

取本品25 mL,置于50 mL具塞量筒中,加氢氧化钙试液25 mL,密塞振摇;放置,1 h内(　　　　　　)。

9. 易氧化物

取本品100 mL,加稀硫酸10 mL,煮沸后,加高锰酸钾滴定液(0.02 mol/L)0.10 mL,再煮沸10 min,粉红色(　　　　　　)。

10. 不挥发物

取本品100 mL,置于105 ℃恒重的蒸发皿中,在水浴上蒸干,于105 ℃干燥至恒重,称量。恒重蒸发皿重量:(　　　)g;蒸发皿+残渣重量:(　　　)g;残渣重量:(　　　)mg。

11. 重金属

取本品40 mL,加醋酸盐缓冲液(pH=3.5)2 mL,硫代乙酰胺试液2 mL,摇匀,静置2 min,与标准铅溶液2.0 mL加水38 mL用同一方法处理后的颜色进行比较。

结论:本品根据(　　　　　　　　　　　　)项目检验。

检验结果(　　　　　　　　　　　　)。

六、思考题

(1)纯化水的储存应该注意什么?

(2)多效蒸馏水器的工作原理和特点是什么?

实验二 溶液型液体制剂的制备

一、实验目的

(1) 掌握液体制剂制备过程的各项基本操作。
(2) 掌握常用溶液型液体制剂的制备方法、质量标准及检查方法。
(3) 了解液体制剂中常用附加剂的正确使用方法、作用机制及常用量。

二、实验原理

液体制剂系指药物分散在适宜的分散介质中制成的可供内服或外用的液体形态的制剂。溶液型液体药剂分为低分子溶液剂和高分子溶液剂。常用的溶剂有水、乙醇、甘油、丙二醇、植物油等。

(一) 低分子溶液剂

低分子药剂是指小分子药物以分子或离子状态分散在溶剂中所形成的均相澄明液体药剂,有溶液剂、糖浆剂、甘油剂、芳香水剂、酊剂和醋剂等。这些剂型是基于溶质和溶剂的差别而命名的。从分散系统来看都属于低分子溶液(真溶液),从制备工艺上来看,这些剂型的制法虽然不完全相同,并各有其特点,但作为溶液的低分子溶液剂的基本制法都是溶解法。

溶解法制备低分子溶液剂的方法是:原辅料称量→溶解→过滤→质检→分装。

液体药物既可称取也可用量具量取,取后需用溶剂淌洗取用器皿,淌洗液并入所配溶液中。难溶性药物可加入适宜的增溶剂或助溶剂;溶解度较小的药物先加入,待其溶解后再加入其他易溶性药物;挥发性药物最后加入;对易氧化的药物,应加入适宜的抗氧剂,溶解时宜将溶剂煮沸放冷后再溶解药物;溶解过程中可采用粉碎、搅拌、加热等措施,以加快溶解速度。

对最终成品应进行质量检查,合格后选用清洁适宜的容器包装。

(二)高分子溶液剂

高分子溶液剂指高分子化合物溶解于溶剂中制成的均相液体制剂,以水为溶剂时,称为胶浆剂,以非水溶剂制备时,称为非水性高分子溶液剂。

高分子溶液剂的配制过程基本上与低分子溶液剂相同,但在溶解药物时,宜采用分次撒布在水面或将药物黏附在已润湿的器壁上的方法,使之迅速地自然膨胀而实现胶溶。

三、实验试剂与仪器

试剂:碘、碘化钾、乙醇、蒸馏水、薄荷油、滑石粉、吐温-80、水杨酸。
仪器:电子天平、容量瓶、量筒、研钵、pH 试纸、比色卡。

四、实验步骤

(一)复方碘溶液的制备

1. 处方

如表 5-1 所示为复方碘溶液的四种处方。

表 5-1　复方碘溶液处方

处方号	Ⅰ	Ⅱ	Ⅲ	Ⅳ
碘/g	2.0	2.0	2.0	2.0
碘化钾/g	—	—	3.5	1.0
蒸馏水/mL	50	—	50	5
95%乙醇/mL	—	50	—	45

2. 操作步骤

处方Ⅰ:将 2 g 的碘直接溶解于蒸馏水中,并定容至 50 mL。
处方Ⅱ:将 2 g 的碘直接溶解于 95%的乙醇中,并定容至 50 mL。
处方Ⅲ:将 3.5 g 的碘化钾先溶解于少量蒸馏水(约 5 mL)中,制成碘化钾的饱和溶液,再将 2 g 的碘溶解于碘化钾饱和溶液中,并用蒸馏水定容至 50 mL。
处方Ⅳ:将 1 g 的碘化钾先溶解于少量蒸馏水(约 5 mL)中,制成碘化钾溶液,再将2 g的碘加入碘化钾非饱和溶液中，再用95%的乙醇溶解并定容至50 mL。

3. 注意事项

碘有腐蚀性，勿使其直接接触皮肤与黏膜。

4. 现象观察

观察四种溶液的颜色、澄清度以及嗅味等。

5. 结果与讨论

（1）将实验结果记录于表5-2中：

表5-2　复方碘溶液实验结果

处方号	Ⅰ	Ⅱ	Ⅲ	Ⅳ
溶解速度				
颜色				
澄清度				
嗅味				

注：溶解快+++，溶解较快++，溶解较慢+，溶解慢-。

（2）分析与讨论：

①在表5-1中勾选出你认为最佳的处方，并简述理由。

②针对表5-2中的结果进行分析讨论：

对比处方Ⅰ与处方Ⅱ，思考碘在水和乙醇中的溶解度如何，其对于制备复方碘溶液有何提示；对比处方Ⅰ与处方Ⅲ，思考饱和碘化钾溶液对于碘在水中的溶解度有何影响，并简述理由。

对比处方Ⅱ与处方Ⅳ，思考非饱和的碘化钾溶液对于碘在乙醇中的溶解情况有何影响。

对比处方Ⅲ与处方Ⅳ，思考饱和碘化钾溶液和非饱和碘化钾溶液对碘的溶解速度有无区别，以及两个处方所制备的复方碘溶液有何特点。

③书写对本实验设计和操作的心得和建议。

(二)芳香水剂(以薄荷水为例)的制备

1. 处方

如表5-3所示为制备芳香水剂的三种处方。

表 5-3 芳香水剂处方

处方号	Ⅰ	Ⅱ	Ⅲ
薄荷油/g	0.09	0.09	0.09
滑石粉/g	0.8	—	—
吐温-80/g	—	1.0	1.0
90%乙醇/mL	—	—	30
蒸馏水加至/mL	50	50	50

2. 操作步骤

处方Ⅰ：分散溶解法：取 0.8 g 滑石粉置研钵中，加入薄荷油研匀，至薄荷油被滑石粉充分均匀吸收后，加入部分蒸馏水洗涤并移至容量瓶中，加盖，振摇 10 min，若有沉淀则反复过滤至溶液呈澄清透明，最后用蒸馏水定容至 50 mL。

处方Ⅱ：增溶法：取 1 g 吐温-80 置研钵中，加入薄荷油研匀，至薄荷油被吐温-80 充分均匀吸收后，加入部分蒸馏水洗涤并移至容量瓶中，加盖，振摇 10 min，若有沉淀则反复过滤至澄清透明，最后用蒸馏水定容至 50 mL。

处方Ⅲ：增溶-复溶剂法：取 1 g 吐温-80 置研钵中，加入薄荷油研匀，至薄荷油被吐温-80 充分均匀吸收后，加入部分蒸馏水洗涤并移至容量瓶中，缓慢加入 95% 的乙醇 30 mL，加盖，振摇 10 min，若有沉淀则反复过滤至溶液呈澄清透明，最后用蒸馏水定容至 50 mL。

3. 注意事项

本品为薄荷油的饱和水溶液，处方用量为溶解量的 4 倍，配置时并不能完全溶解。

4. 现象观察

对比三种方法制备的薄荷水溶液的 pH、澄清度以及嗅味等。

5. 结果与讨论

将结果记录于表 5-4 中。

①针对表 5-4 中的结果进行讨论分析，思考三种不同的方法在制备薄荷水溶液上的异同及其各自的特点和适应性。

表 5-4 三种芳香水剂处方的实验结果

处方号	Ⅰ	Ⅱ	Ⅲ
pH 值			
澄清度			
臭味			

②书写对本实验设计和操作的心得和建议。

(三) 酊剂(以水杨酸酊为例)的制备

1. 处方

如表 5-5 所示为制备酊剂的四种处方。

表 5-5 酊剂处方

处方号	Ⅰ	Ⅱ	Ⅲ	Ⅳ
水杨酸/g	0.5	0.5	0.5	0.5
蒸馏水/mL	5	—	—	—
95% 乙醇/mL	—	4	8	12
蒸馏水加至/mL	20	20	20	20

2. 操作步骤

处方Ⅰ：称取 0.5 g 水杨酸，尝试溶解于 5 mL 蒸馏水中，并用蒸馏水定容至 20 mL。

处方Ⅱ：称取 0.5 g 水杨酸，尝试溶解于 4 mL 的 95% 乙醇中，再用蒸馏水溶解并定容至 20 mL。

处方Ⅲ：称取 0.5 g 水杨酸，尝试溶解于 8 mL 的 95% 乙醇中，再用蒸馏水溶解并定容至 20 mL。

处方Ⅳ：称取 0.5 g 水杨酸，尝试溶解于 12 mL 的 95% 乙醇中，再用蒸馏水溶解并定容至 20 mL。

3. 注意事项

水杨酸溶于乙醇后的溶液，应缓慢加入蒸馏水中，并且快速搅拌。

4. 现象观察

观察以上四个处方中水杨酸的溶解情况,以及各溶液的颜色、澄清度、气味等。

5. 结果与讨论

(1)将结果记录于表5-6中。

表5-6 四种酊剂处方的实验结果

处方号	I	II	III	IV
溶解速度				
颜色				
澄清度				
气味				

注:溶解快+++,溶解较快++,溶解较慢+,溶解慢-。

(2)讨论与分析:

①在表5-6中勾选出你认为最佳的处方,并简述理由?

②针对表5-6中的结果进行分析讨论,思考:水杨酸在水中的溶解度如何?乙醇对其溶解度有何影响,为什么?水杨酸溶于乙醇后,为何还要缓慢加入蒸馏水?快速加入会如何?

③书写对本实验设计和操作的心得和建议。

实验三 混悬型液体制剂的制备

一、实验目的

(1)掌握混悬型液体制剂的一般制备方法。

(2)熟悉按药物性质选择合适的稳定剂。

(3)熟悉混悬剂的质量评定方法。

二、实验原理

混悬型液体制剂(混悬剂)指难溶性固体药物以微粒状态($0.1 \sim 10\ \mu m$)分散于液体分散介质中形成的非均相液体药剂。分散介质多为水,也可用植物油。优良的混悬剂中,药物颗粒应细微、分散均匀、沉降缓慢;沉降后的微粒不结块,稍加振摇即能均匀分散;黏度适宜,易倾倒,且不沾瓶壁。

由于重力的作用,混悬剂中微粒在静置时会发生沉降。沉降速度 V 符合 Stoke's 定律:

$$V = \frac{2r^2(\rho_1 - \rho_2)g}{9\eta}$$

式中,r 为微粒半径;($\rho_1 - \rho_2$)为微粒与液体介质的密度差;g 为重力加速度;η 为混悬剂黏度。故要制备沉降缓慢的混悬剂,首先要减小微粒半径 r,其次是减小微粒与液体介质的密度差($\rho_1 - \rho_2$)或增加介质黏度 η。如加入羧甲基纤维素钠,这种方法下,除使分散介质黏度增加外,还能形成一个带电的水化膜包在微粒表面,防止微粒聚集。此外,还可采用加润湿剂(表面活性剂)、絮凝剂、反絮凝剂的方法来增加混悬剂的稳定性。混悬剂的制备方法有:分散法与凝聚法。其制备操作要点如下:

(1)助悬剂应先配成具一定浓度的稠厚液。固体药物一般宜研细、过筛。

(2)分散法制备混悬剂,宜采用加液研磨法。

(3)用改变溶剂性质析出沉淀的方法制备混悬剂时,应将醇性制剂(如酊剂、醑剂、流浸膏剂)以细流缓缓加入水性溶液中,并快速搅拌。

(4)装配至药瓶中时不宜盛装太满,应留适当空间以便于用前摇匀。并应加贴印有"用前摇匀"或"服前摇匀"字样的标签。

本实验中采用的氧化锌混悬剂制备方法是分散法。

三、实验试剂与仪器

试剂:氧化锌、甘油、甲基纤维素、西黄蓍胶、蒸馏水等。

仪器:电子天平,乳钵、具塞量筒(50 mL),烧杯(100 mL、200 mL),量筒(10 mL、100 mL),试剂瓶,120 目筛等。

四、实验步骤

1. 处方

本实验中制备氯化锌混悬剂的各处方如表 5-7 所示。

表 5-7　氧化锌混悬剂各处方

处方号	Ⅰ	Ⅱ	Ⅲ	Ⅳ
氧化锌/g	0.5	0.5	0.5	0.5
50%甘油/mL	—	6.0	—	—
甲基纤维素/g	—	—	0.1	—
西黄蓍胶/g	—	—	—	0.1
添加蒸馏水后容量/mL	10	10	10	10

2. 操作步骤

（1）处方Ⅰ、Ⅱ的配制：称取氧化锌细粉（过120目筛）0.5 g，置于乳钵中，分别加0.3 mL蒸馏水或甘油，研成糊状，再各加少量蒸馏水或余下甘油（甘油总量为6 mL），研磨均匀，最后加蒸馏水稀释并转移至10 mL刻度试管中，加蒸馏水至刻度。

（2）处方Ⅲ的配制：称取甲基纤维素0.1 g，加入适量蒸馏水研成溶液后，加入氧化锌细粉0.5 g，研成糊状，再加蒸馏水研匀，稀释并转移至10 mL刻度试管中，加蒸馏水至刻度。

（3）处方Ⅳ配制：称取西黄蓍胶0.1 g，置于乳钵中，加乙醇几滴润湿均匀，加少量蒸馏水研成胶浆，加入氧化锌细粉0.5 g，以下操作同处方Ⅲ配制。

（4）沉降容积比测定：将上述4个装混悬液的试管，塞住管口，同时振摇相同次数（或时间）后放置，分别记录0、5、10、30、60、90、120 min时沉降物的高度 H_u（cm），计算沉降容积比，结果填入表5-8。根据表5-8数据，绘制各处方的沉降曲线。注：加甘油作助悬剂，会出现两个沉降面，是由甘油对小粒子的助悬效果好，而对大粒子助悬效果差所造成的，观察时应同时记录两个沉降体积。

3. 质量检验

（1）沉降容积比的测定：将配制好的氧化锌混悬剂，分别倒入 50 mL 具塞刻度量筒中，密塞，用力振摇 1 min，记录混悬液的开始高度 H，并静置，按表 5-8 所规定的时间测定沉降物的高度 H_u，按式（沉降容积比 $F = H_u/H$）计算各个放置时间的沉降容积比，记入表中。沉降容积比在 0～1 之间，其数值愈大，混悬剂愈稳定。以沉降容积比 $F(H_u/H)$ 为纵坐标，时间 t 为横坐标，绘制沉降曲线图。

（2）重新分散试验：将上述氧化锌混悬剂的具塞量筒放置一定时间（48 小时或 1 周后，也可依条件而定），使其沉降，然后将具塞量筒倒置翻转（一反一正为一次），并将筒底沉降物重新分散所需翻转的次数记于表 5-8 中。所需翻转的次数愈少，则混悬剂重新分散性愈好。若始终未能分散，表示结块亦应记录。

五、注意事项

（1）配制各处方时，加液量、研磨时间及研磨用力应尽可能一致。
（2）用于测定沉降容积比的试管，直径应一致。
（3）由于甘油为低分子助悬剂，助悬效果不很理想，研磨时力度、时间应保持一致，否则不易观察。
（4）各处方在定量转移时组分要转移完全。

六、实验结果与讨论

（1）将实验结果填于表 5-8 中。

表 5-8 氧化锌混悬剂不同时间的沉降容积比（H_u/H）与再翻转次数

处方		时间/min						2h 后再分散翻转次数	结论
		0	5	15	30	60	120		
H_u/H	处方 1								
	处方 2								
	处方 3								
	处方 4								

（2）针对各混悬型液体制剂的实验结果进行分析讨论。

七、思考题

(1) 影响混悬剂稳定性的因素有哪些?
(2) 优良的混悬剂应达到哪些质量要求?
(3) 混悬剂的制备方法有哪几种?

实验四　鱼肝油乳剂的制备

一、实验目的

(1) 掌握采用不同乳化剂制备乳剂的方法。
(2) 比较不同方法制备的乳剂油滴的粒度大小、均匀度及稳定性。
(3) 掌握乳剂类型的鉴别方法。

二、实验原理

乳剂是指互不相溶的两相液体经乳化而形成的非均相液体制剂,可供内服、外用及注射。分散的液滴称为分散相、内相或不连续相,包在液滴外的另一相称为分散介质、外相或连续相,除此之外,还必须加入乳化剂,如聚山梨酯类、聚山梨坦类等表面活性剂;阿拉伯胶、西黄蓍胶等天然乳化剂。分散相液滴大小在 0.1～100 μm 之间。乳剂分为水包油型(O/W)、油包水型(W/O)和复合乳剂。制备方法主要有干胶法、湿胶法、新生皂法、机械法等。

乳化剂通常是表面活性剂。

HLB 值:表面活性剂为具有亲水基团和亲油基团的两亲分子,表面活性剂分子中亲水基和亲油基之间的大小和力量平衡程度的量,定义为表面活性剂的亲水亲油平衡值。

计算公式:

非离子表面活性剂的 HLB 值具有加和性,因而可利用以下公式来计算两种和两种以上表面活性剂混合后的 HLB 值:

$$\text{HLB}_{AB} = \frac{\text{HLB}_A \times W_A + \text{HLB}_B \times W_B}{W_A + W_B}$$

式中，W_A 和 W_B 分别表示表面活性剂 A 和 B 的量，HLB_A 和 HLB_B 则分别是 A 和 B 的 HLB 值，HLB_{AB} 为混合后的表面活性剂 HLB 值。HLB 值在 3～6 时作 W/O 型乳化剂；7～9 时作润湿剂；8～18 时作 O/W 型乳化剂；13～15 时作去污剂；15～18 时作增溶剂。

三、实验试剂与仪器

试剂：鱼肝油、西黄蓍胶、阿拉伯胶、蒸馏水、尼泊金乙酯、苏丹红、亚甲蓝、吐温-80、司盘-80。

仪器：量杯、量筒、天平、乳钵、烧杯、标签、载玻片、显微镜、具塞刻度试管、滴管。

四、实验步骤

(一) 鱼肝油乳剂的制备(干胶法)

1. 处方

鱼肝油 12.5 mL，阿拉伯胶 3.1 g，西黄蓍胶 0.17 g，5% 尼泊金乙酯醇溶液 0.1 mL，加至 50 mL。

2. 操作步骤

将阿拉伯胶和西黄蓍胶置干燥研钵中，研细，与鱼肝油研匀。按油水胶的比例为 4:2:1，一次加入 6.3 mL 蒸馏水，朝同一个方向迅速研磨制成初乳；加尼泊金乙酯醇溶液，加蒸馏水至 50 mL，搅匀，即得。

3. 乳剂类型的鉴别

(1) 稀释法：取试管 1 支，加入乳剂 1 mL，加水约 5 mL，振摇数次观察是否混匀。如能用水稀释的，为 O/W 型；否则为 W/O 型。

(2) 染色镜检法：将乳剂样品涂在载玻片上，加油溶性染料苏丹红少许，在显微镜下观察外相是否被染色；另用水溶性染料亚甲蓝各染色一次，在显微镜下观察外相染色情况。

4. 注意事项

(1) 制备鱼肝油乳剂时，应先在干燥乳钵中制备初乳，初乳的油水胶的比例为4:2:1,且加入水后,应迅速向同一方向强力研磨。

(2)鱼肝油乳剂为O/W型乳剂。其中,阿拉伯胶为乳化剂,西黄蓍胶是辅助乳化剂,尼泊金乙酯为防腐剂。

(二)鱼肝油乳剂所需HLB值的测定(振摇法)

1. 处方

混合乳化剂(吐温-80和司盘-80)0.5 g,鱼肝油5 mL,蒸馏水加至10 mL。

2. 操作步骤

(1)吐温-80(HLB值4.3)及吐温-80(HLB值15.0)配成6种混合乳化剂各5 g,计算各个乳化剂的用量(g),填入表5-9中。

表5-9 混合乳化剂的组成　　　　　　　　　　　单位:g

名称	混合乳化剂HLB值					
	4.3	5.5	7.5	9.5	12.0	14.0
司盘-80						
吐温-80						

(2)取6支具塞刻度试管,各加入鱼肝油5 mL,再分别加入上述混合乳化剂各0.5 g,然后加蒸馏水至10 mL,加塞,在手中振摇1 min,即成乳剂。经放置5 min、10 min、30 min和60 min后,分别观察并记录各乳剂分层后上层的体积(mL),填于表5-10中。

表5-10 制备乳剂放置后上层的体积　　　　　　单位:mL

放置时间/min	混合乳化剂HLB值					
	4.3	5.5	7.5	9.5	12.0	14.0
5						
10						
30						
60						

五、注意事项

(1)在制备乳剂的处理中,初乳的形成是关键,研磨时宜朝同一方向发力,

稍加用力,并且用力应均匀。

(2)在进行 HLB 值的测定时,6 支具塞刻度试管在手中振摇时,振摇的强度应尽量一致。

六、实验结果与讨论

(1)乳剂类型的鉴别,根据染色镜检法判断乳剂类型。

(2)鱼肝油所需 HLB 值的测定,根据表 5-10 的结果,得到结论为:鱼肝油所需 HLB 值为_____,所得乳剂类型是_____。

七、思考题

(1)测定鱼肝油乳化所需的 HLB 值有何实际意义?
(2)影响乳剂稳定性的因素有哪些?

实验五 生脉饮口服液的制备和检查

一、实验目的

(1)掌握口服液的制备方法。
(2)掌握口服液的质量评价。
(3)学习吸附澄清法。

二、实验原理

口服液剂是以中药为原料,经适当提取,精制,加入适宜添加剂制成的一种无菌或半无菌口服液体制剂。口服液具有服用量小,吸收较快,质量相对稳定,携带、服用方便,安全,卫生,易保存,尤其适合大批量工业生产等优点,但基于生产上对生产设备、工艺条件要求高,成本高。另外,由于口服液容积小,有效成分易丢失,尤其是脂溶性成分保留的少,因此受一定限制,不是所有中药都可制成口服液剂。目前,中药口服液品种约有 300 种,其中滋补性口服液占大多数。

口服液的一般制备过程:从药材中提取综合性有效成分,并适当精制,然后加入添加剂,使溶解,混匀,并过滤使澄清,最后按注射剂工艺要求,将药液灌封,灭菌即得。

三、实验试剂与仪器

试剂:党参、麦冬、五味子、蒸馏水。
仪器:水浴锅、旋转蒸发仪、电子天平、量筒、实验室小型灭菌柜、水浴锅、pH 计、量筒、脱脂棉、滤纸、漏斗、实验室小型灌封机等。

四、实验步骤

1. 处方

党参 30 g,麦冬 20 g,五味子 10 g。

2. 操作步骤

将三味药以 6 倍量及 4 倍量水煎煮 2 次,每次 0.5 h,用脱脂棉过滤,合并滤液得水煎剂,常压浓缩至 180 mL,加澄清剂,吸附悬浮固体后,用滤纸过滤,调整体积为 200 mL,pH 为 5.5~6.0,再通过精滤,灌封后,在 115℃ 热压下灭菌 30 min 即得。

3. 质量检查

(1) 外观和性状:该口服液应为棕黄色至棕红色的清澈液体。此外,该口服液的酸碱度应在 5.5~6.0 之间。

(2) 装量检查:除另有特别规定外,单剂量包装的口服溶液剂一般按照下述方法进行检查。检查法:取供试品 10 袋(支),将内容物分别倒入经标化的量入式量筒内,检视,将每支装量与标示装量相比较,每支装量均不得少于其标示量。

(3) 微生物含量:口服液中细菌总数不得超过 1000 个/mL,酵母菌和霉菌总数不得超过 100 个/mL。此外,不得检出大肠埃希菌和金黄色葡萄球菌。

(4) 重金属、有害元素等有关物质的限量：口服液中重金属如铅、汞、镉、铬等及砷的含量应符合国家标准的规定，不得超过规定的限量。

五、思考题

(1) 吸附澄清法有什么优点？
(2) 口服液在制备过程中为什么要经过多次过滤处理？

实验六　安瓿剂的制备

一、实验目的

(1) 掌握空安瓿与垂熔玻璃滤器的处理方法。
(2) 掌握注射液的配制、过滤、灌封、灭菌等基本操作。
(3) 熟悉安瓿剂的漏气检查和澄明度检查方法。
(4) 熟悉微孔滤膜的选择、预处理和使用方法。

二、实验原理

注射剂主要包括溶液型注射剂、混悬型注射剂、乳状液型注射剂和中药注射剂。

混悬型注射剂除了满足注射剂的基本要求，如无菌、pH、安全性、稳定性等之外，还要满足其特殊要求：颗粒粒径大小要均匀，一般应小于 15 μm，15～20 μm 者不应超过 10%；要具有良好的通针性和再分散性，能顺利通过 18～21 号针头，不易堵塞与发泡；颗粒沉降不能太快，贮存过程中不结块，若有可见沉淀，振摇时应容易均匀分散；在振摇和抽取时，不会产生持久的泡沫。因此，混悬型注射剂制备时主要考虑原料微粉化成微粒和微粒分散在介质中的稳定性两个问题。

混悬型注射剂的制备方法主要有：分散法、结晶法和化学反应法。

中药注射剂系指从中药、天然药物的单方或复方中提取的有效物质制成的可供注入体内的溶液、乳状液及供临用前配制溶液的粉末或浓溶液的无菌制剂。

中药注射剂的制备工艺过程中,除对中药材进行预处理和有效成分的提取、精制等外,其他步骤与一般注射液生产工艺基本相同。有效成分的提取和精制是中药注射剂的关键,应根据其性质最大限度地保留有效成分,尽可能地除去无效成分。"水醇法"是提取有效成分和除去杂质的常用方法,包括水提醇沉法和醇提水沉法。

本实验以盐酸普鲁卡因注射液、板蓝根注射液和维生素 C 注射液的制备为例,介绍注射剂的制备工艺。

三、实验试剂与仪器

试剂:盐酸普鲁卡因、氯化钠、注射用水、板蓝根、苯甲醇、聚山梨酯 - 80、氢氧化钠、氨水、维生素 C、碳酸氢钠、焦亚硫酸钠、依地酸二钠、盐酸。

仪器:空安瓿、实验室小型灌装机、实验室小型灭菌柜、电子天平、水浴锅、垂熔漏斗、量筒、干燥箱等。

四、实验步骤

(一)盐酸普鲁卡因注射液的制备

1. 处方

盐酸普鲁卡因 10 g、氯化钠 7 g、注射用水适量,共制 1000 mL,每人制备 2 mL 安瓿 5 支。

2. 操作步骤

(1)配液:取注射用水约 800 mL,加氯化钠搅拌使溶解,加盐酸普鲁卡因,并加酸调整 pH 为 4.0~4.5,再加溶媒至足量,搅匀,精滤得澄明液(注意过滤装置的加接和原理)。

(2)空安瓿的洗涤处理:先灌满 0.1% 盐酸溶液,煮洗,冲洗后再用水煮洗,烘干。

(3)注射液的灌封:灌封器注意排气,要调整好位置,溶封前可先用废安瓿练习手法,以减少损失。

(4)安瓿剂的灭菌与检漏:100℃流通蒸汽灭菌 30 min,并趁热放入有色溶液中检漏。

(5)安瓿剂的质量检查:进行 pH 值和澄明度的检查。

(6)安瓿剂的印字包装。

3. 附注

(1)盐酸普鲁卡因是弱碱与强酸结合的盐,易水解,脱羧后生成苯胺,为此先调节 pH 至 4.0~4.5,因在这个范围的条件下药物溶液最为稳定。

(2)使用氯化钠可调节溶液渗透压,并能增加溶液的稳定性,抑制水解。

(3)氧、光线、金属等亦能影响溶液的稳定性,使其分解,故在配制及贮存中应注意避免。

(二)板蓝根注射液的制备(中药注射剂)

1. 处方

板蓝根 550 g,苯甲醇 10 mL,吐温-80 10 mL,注射用水适量,共制 1000 mL,每人制备 2 mL 安瓿 5 支。

2. 操作步骤

(1)浸出:取板蓝根 550 g,加 6~7 倍的水浸泡半小时,煎煮两次,每次半小时,过滤,合并滤液,直火浓缩至 600~700 mL,改用水浴浓缩至 300~350 mL。

(2)精制:①醇处理:取上浓缩液,搅拌加醇,使含醇量达 60%,冷藏 24 h 以上,将其冷藏液过滤,滤渣用 60% 醇洗 1~2 次,滤液加热除醇至无醇味。②氨处理:取上滤液,搅拌加氨使 pH 值为 8.0~8.5,冷藏 24 h 后,过滤,水浴加热除氨至无氨臭,用 1% 氢氧化钠调节 pH 值为 7.0~7.5,其药液用鲜注射用水稀释至 1000 mL,冷藏 24 h,过滤,滤液加吐温-80、苯甲醇各 10 mL,加注射用水至 1000 mL,用 3 号垂熔漏斗过滤,即得澄明注射液。

(3)空安瓿的处理、灌封、灭菌、质检、印字和包装过程同盐酸普鲁卡因注射液的制备。

3. 附注

(1)板蓝根中含有水分 10%,故投料时应多投 10%。

(2)板蓝根中含有糖类、淀粉等,浓缩时应经常搅拌,以防焦化。

(3)加醇处理,主要是为了除去蛋白质、树胶、植物黏液、无机盐等杂质。

(4)板蓝根的抗菌成分不耐热,煎煮或灭菌温度一般不超过100℃且灭菌时间不超过1小时。

(5)溶液pH≥8时失去全部活性,但中和后仍可恢复,除氨便是使pH降到7以下,以恢复其抗菌活力。

(三)维生素C注射液的制备(溶液型注射剂)

1. 处方

维生素C 104 g,碳酸氢钠49 g,焦亚硫酸钠2 g,依地酸二钠0.05 g,注射用水加至1000 mL。

2. 操作步骤

取配制总量80%的注射用水,通二氧化碳(或氮气)使饱和,加维生素C溶解后,分次缓缓加入碳酸氢钠,搅拌使其溶解;另将焦亚硫酸钠和依地酸二钠溶于适量注射用水中;将两液合并,搅匀,调pH值至6.0~6.2,添加二氧化碳(或氮气)饱和的注射用水至足量,取样测定含量合格后,过滤至澄明,在二氧化碳(或氮气)气流下灌封,100℃流通蒸气灭菌15 min即可。

3. 附注

(1)维生素C分子中有烯二醇结构,易氧化。其水溶液与空气接触,将自动氧化成脱氢抗坏血酸,后者再经水解生成2,3-二古罗糖即失去疗效,此化合物可再被氧化成草酸及L-丁糖酸。成品分解后呈黄色。影响本品稳定性的因素主要是空气中的氧、溶液的pH值和金属离子,因此生产上常采取通惰性气体、调节药液pH值、加抗氧剂和金属离子螯合剂等措施维持其稳定性。

(2)本品的稳定性与温度有关。用100℃灭菌30 min,含量减少3%,而100℃灭菌15 min只减少2%,故以100℃灭菌15 min为宜。但操作过程应尽量在无菌环境下进行,以防污染。

(3)维生素C酸性强,注射时刺激性大,故可往其中加入碳酸氢钠使之中和成盐,以减少注射疼痛。同时碳酸氢钠也可起调节pH值的作用。

五、质量检查

(1)漏气检查:将灭菌后的安瓿趁热置于有色溶液中,稍冷取出,用水冲洗干净,剔除被染色的安瓿,并记录漏气支数。

(2)澄明度检查:将安瓿外壁擦干净,每次取容量为 1~2 mL 的安瓿 6 支,于伞棚边处,手持安瓿颈部使药液轻轻翻转,用目检视。每次检查 18 s。50 mL 或 50 mL 以上的注射液按直立、倒立、平视三步法旋转检视。按以上装置及方法检查,除特殊规定品种外,未发现有异物或仅带微量白点者视为合格。

(3)检查结果:将检查结果记录表 5-11 中。

表 5-11 澄明度检查结果记录

总检支数	废品支数							合格成品支数	成品率/%
	漏气	玻屑	纤维	白点	白块	焦头	其他		

注:

白块:指用规定的检查方法,能看到有明显的平面或棱角的白色物质。

白点:不能辨清平面或棱角的按白点计。但有的白色物质虽不易看清平面、棱角(如球形),但与上述白块同等大小或更大者,应作白块论。在检查中见似有似无或若隐若现的微细物,不作白点计数。

微量白点:50 mL 或 50 mL 以下的注射液,在规定的检查时间内仅见到 3 个或 3 个以下白点者,视为微量白点;100 mL 或 100 mL 以上的注射液,在规定检查时间内仅见到 5 个或 5 个以下的白点时,视为微量白点。

少量白点:药液澄明、白点数量比微量白点较多,在规定检查时间内较难准确计数者。

微量沉积物:指某些生化制剂或高分子化合物制剂,静置后有微小的质点沉积,轻轻倒转时有烟雾状细线浮起,轻摇即散失者。

异物:包括玻璃屑、纤维、色点、色块及其他外来异物。

特殊异物:指金属屑及明显可见的玻璃屑、玻璃块、玻璃砂、硬毛或粗纤维等异物。金属屑有一面闪光者即是,玻璃屑有闪烁性或有棱角的透明物即是。

六、注意事项

静脉滴注用注射液水溶液(输液剂)除应符合注射剂一般要求外,还应无热原,不溶性微粒性质及质量应符合相关规定,并尽可能与血液等渗。静脉滴注用乳剂，分散相球粒的粒度大多数(80%)应在1 mm以下，不得有大于5 mm的球粒，应无热原，能耐热压灭菌，贮存期间稳定，不得用于椎管注射。此外，静脉滴注用注射液的pH值应力求接近人体血液的pH值，不得添加任何抑菌剂，输入人体后不应引起血象异常变化。

七、思考题

(1)在生产易氧化药物的注射剂时应注意什么问题？可采取哪些具体措施？
(2)维生素C注射液需要调节pH值至6.0～6.2，为什么？

实验七　水杨酸软膏剂的制备

一、实验目的

(1)掌握不同类型基质(油脂性、乳剂性、水溶性)软膏的制备方法，并能根据基质类型及处方组成合理地选择制备方法。
(2)熟悉根据药物和基质的性质来考虑将药物加入基质中的方法。
(3)了解软膏剂的质量评定、包装与收藏。

二、实验原理

软膏剂(Ointments)指药物与适宜基质均匀混合制成的具有一定稠度的半固体外用制剂。常用基质分为油脂性、水溶性和乳剂型基质，其中用乳剂型基质制成的易于涂布的软膏剂称乳膏剂。常用的油脂性基质有凡士林、石蜡、液体石蜡、硅油、蜂蜡、硬脂酸、羊毛脂等，水溶性基质主要有聚乙二醇。

软膏剂的制备一般采用研合法、熔合法和乳化法。制备方法的选择需根据药物与基质的性质、用量及设备条件而定。

软膏剂的质量检查项目包括主药含量的测定，药物性状、刺激性、稳定性、释放性能的测定等。

软膏剂的稠度影响药物使用时的涂展性及其扩散到皮下的速度,它主要受流变性的影响。常用插度计进行测定,即通过在一定温度下金属锥体自由落下插入试品的深度来衡量。

软膏剂发挥治疗作用的首要条件是混合在软膏基质中的药物须要以适当速度和有足够的量释放到达皮肤表面,因此药物自软膏基质的释放是影响软膏剂作用的因素之一,可以通过研究药物从基质中的释放来评价软膏基质的优劣。

软膏剂中药物的释放性能影响药物的疗效,它可通过测定软膏中药物穿过无屏障性能的半透膜到达接受介质的速度来评定。软膏剂中药物的释放一般遵循 Higuch 公式,即药物的累积释放量 M 与时间 t 的平方根成正比,即

$$M = kt^{1/2}$$

药物的理化性质与基质组成会影响 k 值的大小。

凝胶扩散法和微生生物法亦可用来比较不同基质中药物的释放性能。前者是将软膏与含指示剂的琼脂凝胶或明胶交凝胶接触,软膏中的药物释放后扩散进入凝胶与指示剂产生变色反应,通过测量一定时间内色层的高度变化来比较基质的释药性能;后者用于抑菌药物软膏,将细菌接种于琼脂平板培养基上,在平板上打若干个大小相同的孔,填入软膏,经培养后测定孔周围抑菌的大小以评估药物的抑菌性能。

三、实验试剂与仪器

试剂:水杨酸、白凡士林、羊毛脂、十二烷基硫酸钠、硬脂酸、单硬脂酸甘油酯、液状石蜡、三乙醇胺、尼泊金乙酯。

仪器:温度计(100℃)、研钵(中号)、烧杯(100 mL)、量筒(10 mL)、木夹、刻度试管、水浴锅(15 cm,铜质)、精密天平、玻璃纸、可见分光光度计、容量瓶。

四、实验步骤

(一)O/W 型乳剂基质软膏(水杨酸乳膏)的制备

1. 处方

水杨酸 1 g(主药),硬脂酸 2.5 g(基质,油相),单硬脂酸甘油酯 1 g(基质,

油相),白凡士林 0.5 g(基质,油相),液体石蜡 1.2 g(稠度调节剂,油相),羊毛脂 1.0 g(基质,油相),三乙醇胺 0.1 g(乳化剂,水相),尼泊金乙酯 0.01 g(防腐剂,水相),蒸馏水 12 g(水相)。

2. 操作步骤

(1)称取水杨酸,研细备用。

(2)将硬脂酸、单硬脂酸甘油酯、液体石蜡、白凡士林、羊毛脂共置于干燥烧杯内,水浴加热至 70~80℃,使其全熔并保温,此为油相。

(3)将三乙醇胺、尼泊金乙酯与蒸馏水共置于另一烧杯中,水浴加热至 70~80℃,使溶剂溶解并保温,此为水相。

(4)在等温下将水相缓缓加到油相中,边加边搅拌,直至其冷凝,即得乳剂型基质。

(5)分次将水杨酸细粉加入基质中,搅匀即得 O/W 型乳剂基质软膏(水杨酸乳膏)。

(二)W/O 型乳剂基质软膏(水杨酸乳膏)的制备

1. 处方

水杨酸 1.0 g,液状石蜡 6.5 g,甘油 2.0 g,聚氧乙烯-40 硬脂酸酯 0.1 g,单硬脂酸甘油酯 2.5 g,对羟基苯甲酸乙酯 0.02 g,十八醇 1.5 g,纯化水 5.38 g,白凡士林 1.0 g。

2. 操作步骤

油相:取单硬脂酸甘油酯、十八醇、白凡士林、液状石蜡置于 100 mL 小烧杯中,加热使试剂熔化,并保温至 75~80℃。

水相:将甘油、纯化水和对羟基苯甲酸乙酯置于 100 mL 小烧杯中,水浴加热使之溶解,并保温至 75~80℃。

乳化:将水相在搅拌下呈细流加入油相中,并搅拌至冷凝,即得 W/O 型乳剂基质软膏(水杨酸乳膏)。

(三)水溶性基质的水杨酸软膏剂制备

1. 处方

水杨酸 1.0 g,聚乙二醇-400(PEG-400) 11.40 g,聚乙二醇-4000(PEG-

4000) 7.6 g。

2. 操作步骤

取两种聚乙二醇,水浴加热至65℃,即得水溶性基质。取水杨酸置于研钵中研细,过80目筛,分次加入制得的水溶性基质中,研匀即得。

(四)软膏剂中药物释放速度的比较

1. 水杨酸标准曲线的绘制

精确称取水杨酸约100 mg置于500 mL容量瓶中,用纯化水溶解并定容,摇匀。精确量取该溶液1 mL、2 mL、3 mL、4 mL、5 mL分别置于10 mL容量瓶中,以纯化水定容并摇匀。分别吸取上述溶液各5 mL,加硫酸铁铵显色剂1 mL。以5 mL纯化水加硫酸铁铵显色剂1 mL为空白对照,在530 nm波长处测定吸光度,将吸光度对水杨酸浓度回归得标准回归方程。注意:硫酸铁铵显色剂的配制为称取8 g硫酸铁铵溶于100 mL纯化水中,取2 mL,加1 mol/L HCl溶液1 mL,加纯化水至100 mL。本品应现配现用。

2. 3种软膏中水杨酸释放速度的测定

将制备得到的3种水杨酸软膏分别填装于3支内径约2 cm的玻璃管内,装填量约高1.5 cm,管口用浸泡过蒸馏水的玻璃纸包扎,使管口的玻璃纸无皱折且与软膏紧贴无气泡。另取一个250 mL烧杯,内装100 mL蒸馏水。将烧杯置于磁力搅拌器上,搅拌并加热至32℃,然后将装有软膏的玻璃管悬挂在释放介质中,玻璃纸端向下,软膏的上表面与水面平齐,开启磁力搅拌器,定时取出5 mL释放溶液,同时补加同量蒸馏水,于分光光度计530 nm波长处测定吸光度。

(五)软膏稠度的测定

将白凡士林熔化后倒入一个适宜大小的容器中,静置使样品凝固直至其表面变得光滑,在此过程中,确保容器内温度保持在均匀的25℃,以稳定白凡士林的凝固状态。然后,将容器放置于已调节至水平的插度计的底座上,准备进行测量。接着,调整黏度计,降下标准锥,使锥尖恰好接触到样品的表面,指针调到零点,按钮放下带有标准锥的联杆,用秒表计时。在控制时间为5 s的过程中,标准锥会逐渐沉入样品中。计时结束后,立即固定联杆,由刻度盘读取插入度。依法测定5次,如果误差不超过3%,以其平均值为稠度,反之则取10次实验的平均值。

五、注意事项

(1)制备水杨酸乳膏剂,乳化时宜向同一方向快速搅拌至冷,使乳化完全。
(2)水杨酸遇金属会变色,配制过程中应尽可能避免接触金属器皿。
(3)测定软膏稠度时,为使标准锥尖恰好接触到样品表面,可借助反光镜以求精确地安放。不要将锥尖放到容器的边缘或已经做过实验的部位,以免测得的数据不准确。

六、实验结果与讨论

(1)将制备得到的3种水杨酸软膏涂布在自己的皮肤上,评价是否均匀细腻,记录皮肤的感觉,比较3种软膏的黏稠性与涂布性。讨论3种软膏中各组分的作用。

(2)记录药物释放速度比较实验中,各种软膏基质不同时间段内释放溶液中的水杨酸浓度,列于表5-12。根据释放溶液的体积及每次取出样品的量,计算各个时间累积释放量,并列入表5-13。

本实验中累计释放量计算公式如下:

$$M_n = 100C_n + \left(\sum_{n=1}^{10} C_{n-1} \right) \times 5$$

式中,M 为累计释放量,单位为 mg;C 为药物质量浓度,单位为 mg/mL;n 为正整,取 1、2、3 等(本实验最大取值为10)。

分别以时间 t 和 $t^{1/2}$ 对累积释放量 M 作图,得释放曲线,由 $M-t^{1/2}$ 曲线计算 k 值。讨论3种软膏基质中药物释放速度的差异。

表5-12 各种软膏基质不同时间段内释放溶液中的水杨酸浓度

单位:mg/mL

时间/min	O/W乳剂型基质	W/O乳剂型基质	水溶型基质
5			
10			
20			
30			
45			
60			
90			
120			
150			
180			

表5-13 各种软膏基质不同时间段内释放溶液中水杨酸的累积释放量

单位：mg

时间/min	O/W 乳剂型基质	W/O 乳剂型基质	水溶型基质
5			
10			
20			
30			
45			
60			
90			
120			
150			
180			

七、思考题

（1）制备软膏剂过程中药物的加入方法有哪些？

（2）制备乳剂型软膏基质时应注意什么？为什么要加热至70～80℃？

（3）在制备用于治疗大面积烧伤的软膏剂的过程中应注意什么？

（4）影响药物从软膏基质中释放的因素有哪些？

实验八　栓剂的制备

一、实验目的

（1）掌握热熔法制备栓剂的工艺和操作要点。

（2）熟悉置换价的测定方法及其应用。

（3）熟悉栓剂基质的分类和应用。

（4）掌握栓剂的质量评价方法。

二、实验原理

栓剂是指药物与适宜基质制成供腔道给药的固体制剂。栓剂根据给药腔道的不同,可分为直肠栓(肛门栓)、阴道栓和尿道栓;根据药物释放速度的不同,可分为普通栓和持续释药的缓释栓。栓剂既可以发挥局部作用,也可以发挥全身作用。目前,常用的栓剂有肛门栓和阴道栓。肛门栓一般做成鱼雷形或圆锥形,阴道栓有球形、卵形、鸭舌形等形状。

栓剂中的药物与基质应混合均匀,外形完整光滑,常温下应为固体,但塞入腔道后环境温度为体温时,应能融化、软化或溶化,并与分泌液混合,逐渐释放出药物,发挥局部或全身作用;应无刺激性,有适宜的硬度,以便于使用、包装、贮藏。

栓剂基质分为油脂性基质和水溶性基质。常见的油脂性基质有可可豆脂、半合成或全合成脂肪酸甘油酯,水溶性基质有甘油明胶、聚乙二醇、聚氧乙烯(40)单硬脂酸酯、泊洛沙姆-188等。在栓剂的处方中,根据不同治疗目的可加入相应的附加剂,如表面活性剂、稀释剂、吸收促进剂、抗氧剂、润滑剂及防腐剂等。

栓剂的制备方法有搓捏法、冷压法和热熔法3种。其中热熔法最为常用,流程如图5-1所示。

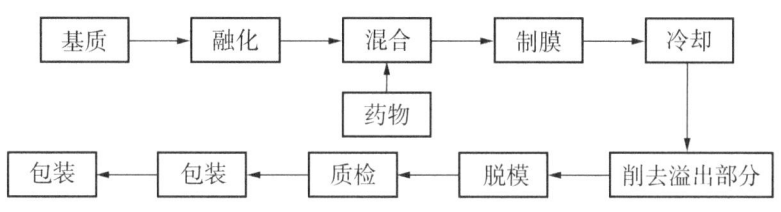

图5-1 栓剂制备流程

为了使栓剂冷却成型后易从栓模中推出,模孔内侧应涂润滑剂,对水溶性基质涂油溶性润滑剂,如液状石蜡;油溶性基质涂水溶性润滑剂,如软皂、甘油各1份及90%乙醇5份的混合液。

为了确定基质用量以保证栓剂剂量的准确,需预测药物的置换价(f)。置换价是主药的重量与同体积基质的重量比值。即f=药物密度/基质密度。当基质和药物的密度未知时,可用下式对药物的置换价进行计算:

$$f = \frac{W}{G-(M-W)}$$

式中，W 为每粒含药栓剂中主药的重量；G 为每粒纯基质栓剂的重量；M 为每粒含药栓剂的重量。

根据求得的置换价，计算出每粒栓剂中应加的基质质量（E）为：

$$E = \frac{G-W}{f}$$

栓剂的质量评定包括如下内容：主药含量、外形、重量差异、融变时限、释放度及微生物限度等，其中缓释栓剂应进行释放度检查，不再进行融变时限检查。

三、实验试剂与仪器

试剂：甘油、明胶、水、液体石蜡、氢氧化钠、硬脂酸、硬脂酸钠、蒸馏水。

仪器：研钵、玻棒、药匙、烧杯、小刀、栓模、蒸发皿、水浴、冰浴、电炉、分析天平、崩解度测定仪。

四、实验步骤

（一）甘油栓的制备

1. 处方一

（1）具体处方：

甘油	100 g
硬脂酸	0.8 g
氢氧化钠	0.12 g
蒸馏水	1.4 mL

制成圆锥形肛门栓　　5 枚

（2）操作步骤：取处方量的水，在其中加入氢氧化钠搅拌溶解，加入甘油混合均匀，在水浴上加热至 100℃，缓缓加入研细的硬脂酸，不断搅拌，在 85～95℃温度条件下保温，直至溶液澄清，趁热灌入涂有润滑剂的模型内，冷却凝固后削去模口溢出部分，脱模，得甘油栓。

2. 处方二

（1）具体处方：

甘油	9.1 g
硬脂酸钠	0.9 g
制成	5 枚

（2）操作步骤：①取处方量的甘油于蒸发皿中，置于水浴上加热，缓缓加入硬脂酸钠细粉，随加随搅拌，并在85～95℃温度条件下保温，直至溶液澄清。②将此溶液趁热注入涂有润滑剂（液状石蜡）的栓模中，冷却凝固后削去模口溢出部分，脱模，即得。

3. 注意事项

（1）制备时应避免温度过高，搅拌不宜太快，否则会引起气泡产生而使成品混浊不透明。

（2）有些处方中，硬脂酸与氢氧化钠将发生皂化反应而有硬质酸钠形成。

（3）制备甘油栓时，水浴要保持沸腾，硬脂酸细粉应少量分次加入，与碳酸钠充分反应，直至泡沸停止、溶液澄明、皂化反应完全，加热才能停止。

（4）皂化反应生成二氧化碳，制备过程中应除尽气泡后再注模，否则栓剂内含有气泡影响剂量和美观。

（5）成品水分含量不宜过多，因肥皂在水中呈胶体，会使成品呈浑浊状态。

（6）注模前应将栓模加热至80℃左右，注模时动作要快，注模后应缓慢冷却，如冷却过快，成品的硬度、弹性、透明度将均受影响。

(二) 质量检测方法

1. 外观检查

检查栓剂的外观是否完整光滑，表面亮度是否一致，有无斑点和气泡，将栓剂纵向抛开，观察药物分散得是否均匀。

2. 栓剂重量差异检查

参照《中华人民共和国药典》（2020年版）进行：取供试品10粒，精确称定总重量，求得平均粒重后，再分别精确称定各粒的重量，每粒重量与平均粒重相比较，按表5-14规定，超出重量差异限度的药粒不得多于1粒，并不得有1粒超出限度 1 倍。

表 5-14 栓剂重量差异限度

平均粒重	重量差异限度
1.0 g 及 1.0 g 以下	±10%
1.0 g 以上至 3.0 g	±7.5%
3.0 g 以上	±5%

3. 栓剂的融变时限

参照《中华人民共和国药典》(2020 年版)融变时限检查法进行检查。

装置：栓剂融变实验仪。

检查法：取供试品 3 粒，在室温放置 1 h 后，分别在 3 个金属架的下层圆板上，装入各自的套筒内，并用挂钩固定。除另有规定，将上述装置分别垂直浸入盛有不少于 4 L 的温度(37 ± 0.5℃)的水的容器中，其上端位置应该在水面下 90 mm 处。容器中装一转动器，每隔 10 min 于溶液中翻转该装置 1 次。

判断结果：除另有规定外，脂肪性基质的栓剂 3 粒均应在 30 min 内全部熔化、软化，或触压时无硬心；水溶性基质的栓剂 3 粒均应在 60 min 内全部溶解。如有 1 粒不符合规定，应另取 3 粒复试，均应符合规定。

五、注意事项

(1) 为保证药物与基质充分混匀，应采用等量递加法。

(2) 灌模时应注意药物与基质混合物的温度。药物与基质温度太高稠度小，栓剂易发生中空和顶端凹陷现象，应在药物与基质温度较低、稠度较大时灌模，灌模时应一次完成，灌至稍微溢出模口即可。灌好后应有足够的冷却时间和温度，若药物与基质温度较高且冷却时间不够，会发生黏模现象。

六、实验结果与讨论

将栓剂检查结果列于表 5-15 中。

表 5-15 栓剂质量检查结果

栓剂名称	外观	重量/g	重量差异检查限度结果	融变时限/min
处方一				
处方二				

七、思考题

（1）制备栓剂时应注意哪些问题？
（2）发挥全身作用的栓剂与局部作用的栓剂在处方设计时有何考虑？
（3）栓剂的吸收特点有哪些？

实验九　山楂泡腾颗粒剂的制备

一、实验目的

（1）掌握中药浸出制剂的提取方法及颗粒剂的制备工艺。
（2）掌握颗粒剂的质量要求和质量检查方法。

二、实验原理

颗粒剂是指由药材的提取物与适宜辅料或与部分药材细粉混匀而制成的干燥颗粒状剂型，凡以单剂量颗粒压制成块状的可称块状冲剂。颗粒剂分为可溶性颗粒剂、混悬性颗粒剂、泡腾性颗粒剂及肠溶颗粒剂。

其中泡腾性颗粒剂是利用有机酸与弱碱遇水作用产生二氧化碳气体，使药液产生气泡呈泡腾状态的一种颗粒剂。由于酸与碱中和反应产生二氧化碳，使颗粒疏松、崩裂，具速溶性，同时二氧化碳溶于水后呈酸性，能刺激味蕾，因而可达到矫味的作用，若再配有甜味剂和芳香剂，可以得到碳酸饮料的风味。常用的有机酸有枸橼酸、酒石酸等。弱碱有碳酸氢钠、碳酸钠等。

泡腾颗粒剂工艺包括有效成分的提取、精制、浓缩、制颗粒、干燥、包装。其中制粒分为两步,第一步为一部分加碱制颗粒,另外一部分加酸制颗粒;第二步为将两部分混匀。

三、实验试剂与仪器

试剂:山楂、陈皮、枸橼酸、碳酸氢钠、香精、白砂糖、蒸馏水。

仪器:可控电炉、500 mL 烧杯、60 目筛网、12 目筛网、烘箱、电子天平、循环真空水泵、抽滤瓶、布氏漏斗、滤纸、旋转蒸发仪、量筒、乳胶手套。

四、实验步骤

1. 制备方法

将山楂 50 g、陈皮 5 g 粉碎,水煎煮 2 次,第 1 次 1 h,第 2 次 0.5 h;过滤,滤液浓缩成 40 mL 备用。将白砂糖烤干,粉碎,过 60 目筛,取糖粉 62.5 g,加入碳酸氢钠,混匀,蒸馏水喷雾润湿,以 12 目筛制粒;70℃左右干燥,整粒(60 目筛去细粉,14 目筛整粒)。将剩余的 62.5 g 白砂糖粉加入山楂、陈皮浓缩液中,混合均匀(如太干,可喷加适量蒸馏水)。以 12 目筛制粒,70℃左右干燥,整粒。将上述两种干燥颗粒合并,用喷雾法加入香精,再加入枸橼酸混匀,过 12 目筛,分装于袋内,每袋 30 g。

2. 质量检查

(1) 外观检查:干燥,色泽一致,无吸潮、软化现象。

(2) 装量差异检查:取供试品 10 袋(瓶),除去包装,分别精确称定每袋(瓶)内容物的重量,求出每袋(瓶)内容物的装量与平均装量。每袋(瓶)装量与平均装量相比较[凡无含量测定的颗粒剂或有标示装量的颗粒剂,每袋(瓶)装量应与标示装量比较],超出装量差异限度的颗粒剂不得多于 2 袋(瓶),并不得有 1 袋(瓶)超出装量差异限度 1 倍(表 5 - 16)。

表 5 - 16　颗粒剂装量差异限度

平均装量或标示装量	重量差异限度
1.0 g 及 1.0 g 以下	±10%
1.0 g 以上至 1.5 g	±8%
1.5 g 以上至 6.0 g	±7%
6.0 g 以上	±5%

(3)溶化性检查：取供试品3袋，将内容物分别转移至盛有200 mL水的烧杯中，水温15～25℃，应立即产生二氧化碳气体，并呈泡腾状，5分钟内颗粒均完全分散或溶解在水中者视为合格。

五、思考题

制备泡腾颗粒剂的要点是什么？

实验十　水杨酸滴丸剂的制备

一、实验目的

(1)掌握制备滴丸剂的基本原理、过程及常用方法。
(2)了解滴丸机及附属设备的结构。
(3)熟悉滴丸的基质类型及基质成形实验。

二、实验原理

滴丸剂是将固体或液体药物溶解混悬或乳化在基质中，然后滴入与药物基质不相混溶的冷却液体中，经收缩冷凝成球形或扁球形的丸剂。中药滴丸的开发，符合于人们对现代药物制剂的"三小"（用量小、毒性小、副作用小），"三效"（高效、长效、速效）和方便用药、方便携带、方便贮存等的基本需求，具有广阔的前景和巨大的潜在市场。

目前常用的载体有水溶性与非水溶性两大类。水溶性载体在溶剂蒸发过程中，黏度逐渐增大，可阻止药物分子聚集。常用的水溶性载体有聚乙二醇（PEG）类，以PEG－4000或PEG－6000为宜，它们的熔点较低（55～60 ℃），毒性较低，化学性质稳定（在100 ℃以上才分解），能与多数药物配伍，具有良好的水溶性，亦能溶于多种有机溶剂，能使难溶性药物以分子状态分散于载体中。常用的非水溶性载体有硬脂酸、单硬脂酸甘油酯等，可使药物缓慢释放，也可用于水溶性载体中以调节熔点。

在实际生产中,滴丸的丸重、光洁度、圆整度,粒径的均一度等是考查滴丸质量的重要指标,是影响滴丸技术应用于中药领域的主要障碍。

基质(PEG6000)一般是在滴丸机化料罐中与药物混合融化后再加入保温储液罐。熔融的混合液通过滴头滴出,在玻璃滴丸机中冷凝液的冷却下形成滴丸并随冷凝液向下流动,流过筛网后实现滴丸与冷凝液的分离,完成滴丸的滴制过程。

实验装置面板如图5-2所示,应用储液罐数字温度计可以控制储液罐内温度。

图5-2 滴丸机装置面板

三、实验试剂与仪器

试剂:水杨酸、医用硅油、聚乙二醇-400(PEG-400)、聚乙二醇6000(PEG-6000)。

仪器:滴丸机。

四、实验步骤

1. 处方

水杨酸20 g,聚乙二醇-400 34 g,聚乙二醇-6000 46 g。

2. 操作步骤

(1)将两种聚乙二醇与水杨酸共同放入恒温器融化罐中,打开恒温器加热开关和恒温器泵开关,待保温储液罐内温度加热到70℃左右后,聚乙二醇开始融化。待药液全部融化后备用。

(2)关闭离心泵出口调节阀和滴丸机出料阀,启动离心泵后打开流量调节阀向玻璃滴丸机通入液体石蜡(滴丸冷凝液),待有溢流出现时调节液体流量,使得滴丸机内液面在实验中始终保持稳定。

(3)将熔化好的聚乙二醇倒入保温储液槽内,保持料温为65～70℃,调节滴入速度、滴距,在滴丸机内经冷凝液冷却后形成滴丸。

(4)注意观察滴丸在冷凝液中形成的过程,记录滴丸机内的温度。

(5)在接收筛网上滴丸将与冷凝液分离,完成滴丸的滴制过程,此时用纸巾将滴丸上的冷凝液擦拭掉,并称量滴丸总重量。

3. 质量检查

(1)外观:应呈球状,大小均匀,色泽一致。

(2)重量差异:按照《中华人民共和国药典》(2020年版),除另有规定外,滴丸照下述方法检查,应符合规定。取滴丸20丸,精确称定总重量,求得平均丸重后,再分别精确称定各丸重量。每丸重量与平均丸重相比较,超出重量差异限度的滴丸不得多于2丸,并不得有1丸超出限度一倍。

表5-17 滴丸重量差异限度要求

平均重量	重量差异限度
0.03 g 及 0.03 g 以下	±15%
0.03 g 以上至 0.1 g	±12%
0.1 g 以上至 0.3 g	±10%
0.3 g 以上	±7.5%

(3)溶散时限:除另有规定外,取供试品6丸,选择适当孔径筛网的吊篮(丸剂直径在2.5 mm以下的用孔径约0.42 mm的筛网;在2.5～3.5 mm之间的用孔径约1.0 mm的筛网;在3.5 mm以上的用孔径约2.0 mm的筛网),按照崩解时限检查法(通则0921)片剂项下的方法加挡板进行检查。滴丸不加挡板检查时,应在30 min内全部溶散,包衣滴丸应在1 h内全部溶散。

五、实验结果与讨论

将滴丸的重量差异检查结果记录在表5-18中。

表 5-18 滴丸重量差异限度数据

序号	重量/g	偏差	重量差异限度	序号	重量/g	偏差	重量差异限度
1				11			
2				12			
3				13			
4				14			
5				15			
6				16			
7				17			
8				18			
9				19			
10				20			
总重量/g		平均重量/g			标准偏差		

根据实验数据判断：每丸重量是否超出允许丸重范围。在整个实验过程中，应该保持玻璃滴丸机内液体的高度保持一定（可以保证所得到的滴丸大小相同），也要防止从滴头下来的液滴因高度过高导致速度过大进而影响滴丸的形状。

六、思考题

（1）影响滴丸成型的主要因素有哪些？

（2）实验中滴丸大小的控制是从哪些因素入手的？

实验十一　虎杖蒽醌胶囊的制备与质量检查

一、实验目的

（1）掌握蒽醌类化合物的提取方法。

（2）掌握胶囊的制备工艺及质量检查。

二、实验原理

蒽醌,又名9,10-蒽二酮,是一种有机化合物,化学式为 $C_{14}H_8O_2$,为人工合成的天然染料(图5-3)。蒽醌类化合物的基本母核为蒽醌,母核上常有羟基、甲基、甲氧基和羧基等取代基。天然的醌类成分多为有色结晶,且随着母核上酚羟基等助色团的增多,可显黄、橙、棕红色以及紫红色;蒽醌类化合物中茜草素型颜色(红→紫)较大黄素型(橙→黄)深。

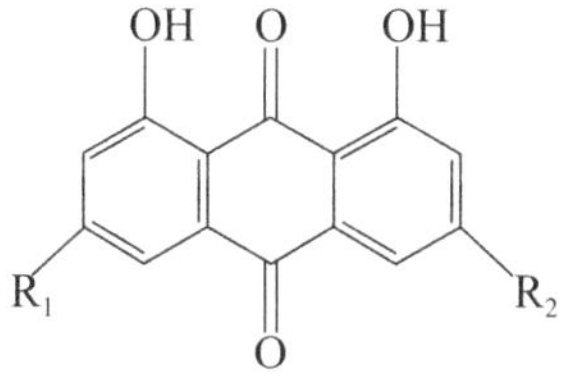

$R_1=CH_3$ $R_2=H$	大黄酚
$R_1=CH_3$ $R_2=OH$	大黄素
$R_1=CH_3$ $R_2=OCH_3$	大黄素甲醚
$R_1=H$ $R_2=CH_2OH$	芦荟大黄素
$R_1=H$ $R_2=COOH$	大黄酸

图5-3 蒽醌类化合物结构图

蒽醌类化合物易溶于热苯和热甲苯,难溶于冷苯。微溶于水、乙醇、乙醚、丙酮、氯仿等有机溶剂。所以,一般可以采用有机溶剂提取法:游离醌类的极性较小,可用苯、氯仿、乙醚等极性较小的有机溶剂进行提取。苷类极性较大,可用甲醇、乙醇和水进行提取。实际工作中,常选甲醇或乙醇加热提取,这两种方式可以把各种醌类苷及苷元都提取出来,所得的醌类混合物可再进一步进行纯化与分离。

虎杖蒽醌不溶于水可采用乙醇回流法、渗漉法及超临界 CO_2 法提取。

胶囊剂(capsules)系指原料药物或与适宜辅料充填于空心胶囊或密封于软质囊材固体制剂。构成上述空心胶囊壳或软质囊材的材料简称囊材,主要成分是明胶、甘油及其他药用辅料,如增塑剂、色素、防腐剂等。空心胶囊壳或软质囊材的组成成分比不同,制备方法也不同。

胶囊剂具有如下特点:①能掩盖药物的不良臭味,提高药物稳定性。装在胶囊壳内的药物与外界隔离,免受空气、光线、水分的影响,对具不良臭味和不稳定的药物有遮蔽、保护和稳定作用。②药物在体内起效快。胶囊剂中,药物是以粉末或颗粒状态充填于胶囊中的,制备时不受压力等因素的影响。与片剂、丸剂等比较,在胃肠道中可迅速分散、溶出。③液态药物固体剂型化。液态药物或含油量高的药物可充填于软质胶囊中形成固体剂,服用、携带方便。④可延缓或定位释放药物。

本实验采用手工胶囊充填板制备虎杖蒽醌胶囊。

三、实验试剂与仪器

试剂：虎杖根茎粗粉、乙醇、淀粉、氢氧化钠、甲醇、醋酸镁、蒸馏水、HCl。

仪器：胶囊填充板、片剂四用测定仪、圆底烧瓶、磁力搅拌水浴锅、球形冷凝管、旋转蒸发仪、干燥箱、抽滤瓶、布氏漏斗、循环真空水泵、电子天平、离心机、乳胶手套、滤纸等。

四、实验步骤

(一)乙醇总提取物的制备

1. 冷浸提取

称取虎杖根茎粗粉(约40目)50 g，置于500 mL的圆底烧瓶中，加300 mL 95%的乙醇以浸透生药并覆盖一层为度，浸泡一周后将醇液缓缓倒出，过滤备用。

2. 回流提取

留在烧瓶中的残渣再以95%乙醇200 mL热回流提取1.5 h后将上层醇液缓缓倒出过滤，最后把残渣倒在布氏漏斗上抽干弃去。合并两次乙醇液，备用。将提取液置于旋转蒸发仪上，回收乙醇，至提取液浓缩成稠膏状，移入烧杯或烧瓶，加入稠膏量4倍热水，充分搅拌，静置，过滤收集沉淀。用2～3倍体积50%的乙醇洗涤沉淀，再用2～3倍体积的冷蒸馏水分次洗涤，抽滤得蒽醌产物，把产物真空干燥，即得蒽醌产品。

(二)虎杖蒽醌的制备

1. 处方

虎杖蒽醌	6 g
淀粉	24 g
共装囊	100 粒

2. 操作步骤

采用实验室手工胶囊填充板(图5-4)制备胶囊。取虎杖蒽醌,研细,与淀粉混合均匀装囊即得。

图5-4　胶囊填充板外观

3. 蒽醌的鉴别

(1)取本品内容物少量于试管中,加1%氢氧化钠2 mL,溶液显紫红色,再加1%盐酸溶液酸化,直至红紫色转变为黄色,并析出沉淀。

(2)取本品内容物少量,加2 mL甲醇溶解,过滤,取滤液点于滤纸上,干后,喷以0.5%醋酸镁甲醇溶液,即显橙红色。

(三)质量检查

《中华人民共和国药典》(2020版)附录-制剂通则规定的胶囊平均装量和装量差异如表5-19所示。

表5-19　胶囊平均装量和装量差异

平均重量/g	装量差异限度/%
<0.3	±10.0
≥0.3	±7.5

1. 装量差异

除另有规定外,取供试品20粒,分别精确称定重量,倾出内容物(不得损坏囊壳),硬胶囊囊壳用小刷或其他适宜的用具拭净;软胶囊囊壳用乙醚等易挥发

性溶剂洗净,置通风处使溶剂挥尽,再分别精确称定囊壳重量,求出每粒内容物的装量。每粒装量与标示装量相比较(凡无标示装量的胶囊剂,与平均装量比较),超出装量差异限度的不得多于2粒,并不得有1粒超出限度1倍。一旦测得的结果超出控制限度,则须重新取样称重以证实结果。

2. 胶囊剂崩解时限

《中华人民共和国药典》(2020年版)规定采用升降式片剂崩解仪测定胶囊剂崩时限。取胶囊6粒检查(软胶囊剂或漂浮在水面的硬胶囊剂可加挡板),各粒均应在30 min内全部崩解并通过筛网(囊壳碎片除外)。软胶囊剂可改在人工胃液中进行检查,应符合规定,肠衣胶囊剂取供试品6粒,先在盐酸溶液(9→1000)中检查2 h,每粒的囊壳均不得有裂缝或崩解现象;再将上述供试品改在人工肠液中进行检查,1 h内应全部崩解并通过筛网(囊壳碎片除外)。

附注:手工胶囊充填板使用方法

(1)将体板平整放好,把排列盘放在体板上(两层深的那个),排列盘和体板的孔对齐,抓几把胶囊体(长的胶囊称胶囊体,短的称胶囊帽)放入框内,端起体板和排列盘上下/左右摆动(注意用手挡住排列盘的缺口,以免胶囊从缺口掉出来),胶囊会一一掉入体板胶囊孔中。然后从缺口倒出多余胶囊,把排列盘取走。

(2)胶囊帽的排列与胶囊体的排列操作相同。用上面同样方法将胶囊帽排到帽板上。

(3)往体板上填充粉剂。将药粉倒在体板上用刮粉板来回地刮,待胶囊装满药粉后,刮去体板上多余的药粉。

(4)将中间板(单层的那个)两边有缺口的面朝上,放到帽板上对齐,然后两板一起翻转(翻转180°),扣到体板上对齐,轻轻下压,再翻转整套胶囊板使体板向上,帽板朝下,再用双手在体板上用力向下压到底,大的板(如400粒的)则每个地方都压几下,拿掉体板,将中间板和帽板再一起翻过来,拿掉帽板,将锁好的胶囊从中间板上倒出。几分钟可制一板胶囊,套合率99.8%。

五、实验结果与讨论

(1)记录蒽醌产品的外观和质量。

(2)将胶囊剂装量差异测试结果记录在表5-20中。

表 5-20 装量差异的测试结果

序号	胶囊重/g	空囊壳重/g	装量/g	平均装量/g	差异范围/%	结论
1						
2						
3						
…						
19						
20						

(3) 记录胶囊剂崩解时限的实验结果。

六、思考题

(1) 哪些药物不适宜制备成胶囊剂?
(2) 使用手工胶囊充填板制备硬胶囊时,需要注意哪些问题?

实验十二　阿司匹林肠溶片的制备与质量检查

一、实验目的

(1) 掌握片剂的制备工艺流程及其操作要点。
(2) 熟悉片剂的质量要求,掌握片剂的重量差异、崩解时限、硬度等常规性能质量的检查方法。
(3) 掌握湿法制粒的实验方法。
(4) 掌握压片的操作方法,了解压片机的基本结构及其使用与保养方法。
(5) 掌握片剂薄膜包衣的工艺过程。

二、实验原理

片剂是指药物与适宜的辅料均匀混合,通过制剂技术压制而成的圆片状或异形片状的固体制剂。制片的方法有制粒压片法、粉末直接压片法和空白颗粒压片法。制颗粒的方法又分为干法和湿法。片剂的制备工艺流程：处方拟定——物料准备与处理——湿法制粒——干燥——整粒——压片——包衣——包装。

颗粒的制造是制备片剂的关键。湿法制粒，欲制好颗粒，首先必须根据主药的性质选好黏合剂或润湿剂，制软材时要控制黏合剂或润湿剂的用量，使之"握之成团，轻压即散"，并握后掌，掌上不沾粉为度。过筛制得的颗粒一般要求应较完整，可有一部分小颗粒存在。如果颗粒中含细粉过多，说明黏合剂用量太少，若呈现条状，则说明黏合剂用量太多，这两种情况制出的颗粒烘干后，往往出现太松或太硬的状况，都不能符合压片的颗粒要求，从而无法制得较佳的片剂。

凡属于挥发性或预热易分解的药物，在制片过程中应避免预热损失。挥发油的加入采用常规喷雾法。压片前，干颗粒需过筛整粒，并加入润滑剂等辅料混匀，经过检验合格、计算片重后就可以进行压片。

凡具有不适臭味、刺激性、潮解性的药物，制片后可以包衣或者是薄膜糖衣。对一些遇酸易被破坏、对胃黏膜可造成刺激或需要在肠内释放的药物，制片后应包肠溶衣。阴道局部用药可制成阴道用片剂。有些药物可以根据临床需要制成泡腾片、溶液片、含片、咀嚼片、缓释或控释片。

包衣的目的：① 避光、防潮，以提高药物的稳定性；② 遮盖不良气味，增加患者的顺应性；③改变药物释放的位置及速度，如胃溶、肠溶、缓释、控释等。

包衣的种类：糖包衣和薄膜包衣。其中薄膜包衣是指片心外面包一层比较稳定的聚合物材料，使被包药片具有胃溶、肠溶、长效缓释的作用。薄膜包衣液含有成膜材料、增塑剂、溶剂等。常见的成膜材料有纤维素衍生物、羟丙基纤维素、聚乙二醇、聚维酮聚丙烯酸树脂、聚乙烯缩乙二醛二乙胺醋酸酯等。

包衣设备有锅包衣装置、转动包衣装置、流化包衣装置。

包衣片的质量检查项目有衣层均匀、牢固、光洁、美观色泽一致、无裂片，不影响药物的崩解、溶出、吸收等。

三、实验试剂和仪器

试剂：阿司匹林、淀粉、枸橼酸、干淀粉、滑石粉、聚丙烯酸树脂Ⅱ号、聚丙烯酸树脂Ⅲ号、邻苯二甲酸二乙酯、阿司匹林、吐温-80、蓖麻油、蒸馏水。

仪器：粉碎机、干燥箱、旋转式压片机、实验用小型包衣机、片剂四用测定仪、电子天平、可控电炉、16目药筛。

四、实验步骤

(一)阿司匹林素片的制备

1. 处方

阿司匹林10 g，淀粉24 g，枸橼酸0.15 g，淀粉浆适量，干淀粉6.15 g，滑石粉1.0 g，制成200片。

2. 操作步骤

将阿司匹林、淀粉混合均匀，加含枸橼酸的10%的淀粉浆制成软材，16目筛制粒，65℃以下干燥，16目筛整粒，加入干淀粉、滑石粉混匀，压片。

(二)阿司匹林肠溶薄膜衣片的制备

1. 处方

聚丙烯酸树脂Ⅱ号1.375 g，邻苯二甲酸二乙酯0.44 g，聚丙烯酸树脂Ⅲ号1.375 g，吐温-80 0.44 g，蓖麻油1.38 g，95%乙醇46.80 g。

2. 操作步骤

包衣：采用实验用小型包衣机，加入适量所制的阿司匹林素片，转到包衣锅，吹热风，将片剂预热至约40℃，喷入包衣液适量，先吹热风1～2 min，再改吹50～60℃热风5～10 min，干燥后再重复喷液、吹风干燥8～10次。出锅后，放入干燥器待质量检测。

(三)片剂质量检查

1. 阿司匹林素片的检查

阿司匹林素片的质量检查项目包括外观、重量差异、硬度、脆碎度和崩解时限的检查。

(1)外观的检查：阿司匹林素片应完整光洁。

(2)重量差异的检查：取阿司匹林素片20片，精密称定总重量，求得平均片重后,再分别精密称定各片的重量。每片重量与平均片重相比较(凡无含量测定的片剂,每片重量应与标示片重比较)超出重量差异限度(表5-21)的药片不得多于2片,并不得有1片超出限度1倍。结果列于表5-22。

表5-21 重量差异限度

平均片重	重量差异限度
0.30 g 以下	±7.5%
0.30 g 以上	±5.0%

表5-22 片重差异的测试结果

序号	片重/g	平均片重/g	差异范围/%	结论	备注
1					
2					
3					
…					
19					
20					

(3)硬度的检查:应用78X-3C型片剂四用测定仪进行测定,仪器外观如图5-5所示。

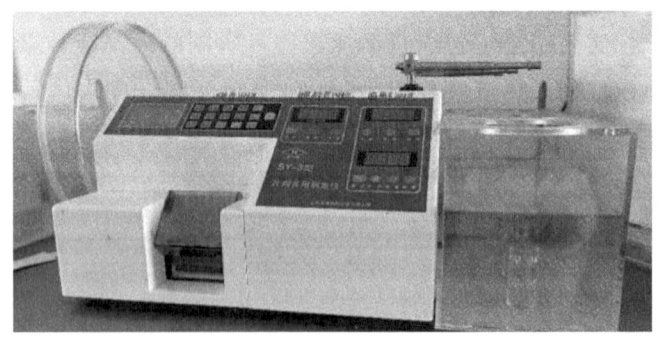

图5-5 片剂四用测定仪

片剂应有适宜的硬度,以免在包装、运输过程中出现破碎或受磨损。因此片剂硬度是反映片剂生产工艺水平、控制片剂质量的一项重要指标。硬度的检查采用破碎强度法,采用片剂智能硬度仪进行测定。

具体检查方法如下：将药片径向固定在两横杆之间，其中的活动柱杆借助弹簧沿水平方向对片剂径向加压，当片剂破碎时，活动柱杆的弹簧停止加压，仪器刻度盘所指示的压力值即为片剂的硬度值。分别测定阿司匹林素片和包衣片各3～6片，取平均值。

(4) 脆碎度的检查：应用78X-3C型片剂四用测定仪进行测定，仪器外观如图5-5所示。取阿司匹林素片，按《中华人民共和国药典》(2020年版)四部通则检查法，置片剂于四用测定仪脆碎度检查槽内检查，记录检查结果。

检查方法及规定如下：片重为0.65g或以下者取若干片，使其总重量约为6.5g；片重大于0.65g者取10片。用吹风机吹去脱落的粉末，精密称重，置于圆筒中，转动100次。取出，同法除去粉末，精密称重，减失重量不得过1%，且不得检出断裂、龟裂及粉碎的片剂。

(5) 崩解时限的检查：应用78X-3C型片剂四用测定仪进行测定。

测定装置：如图5-6所示，崩解仪的主要结构为一能升降的金属支架和下端镶有金属筛网的吊篮，并附有塑料挡板。吊篮内置6支玻璃管，玻璃管长77.5mm，内径21.5mm，壁厚2.0mm，筛孔内径2.0mm，挡板直径为20.7mm，厚9.5mm，相对密度为1.18～1.20。

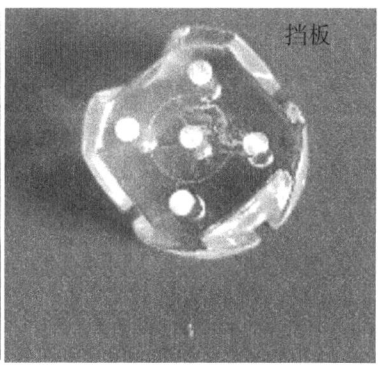

图5-6 崩解装置吊篮示意图

采用吊篮法，方法如下：取阿司匹林素片6片，分别置于吊篮的玻璃管中，每管各加一片，开动仪器使吊篮浸入(37±1.0℃)的水中，按一定的频率(30～32次/min)和幅度(55±2mm)往复运动。从片剂置于玻璃管开始计时，至片剂破碎并全部固体粒子都通过玻璃管底部的筛网(Φ2mm)为止，该时间即为该片剂的崩解时间，应符合规定崩解时限(一般压制片为15min)。

2. 阿司匹林包衣片的检查

(1) 外观检查：观察包衣片是否圆整、表面是否有缺陷（碎片、粘连、剥落、起皱、起泡、色斑、起霜），表面粗糙度、光泽度。

(2) 测定包衣片的片重，与素片比较。

(3) 测定包衣片的硬度，与素片比较。

(4) 崩解时限检查：应用78X-3C型片剂四用测定仪进行测定。阿司匹林包衣片在37℃的人工胃液中进行检查，应符合规定。取供试品6片，先在37℃的人工胃液中检查2 h，片剂不得有崩解现象；用蒸馏水冲洗片剂及吊篮的筛网，再将上述供试品改在37℃的人工肠液中进行检查，1 h内应全部崩解并通过筛网。

(5) 冲击强度试验：取10片包衣片分别在1 m高度下自由落在玻璃板上，记录片面产生裂缝或缺陷所占的比例；也可将10片包衣片置于片剂四用测定仪的脆碎度测定盒内，振荡10 min，片面应无变化。

(6) 被覆强度试验（抗热试验）：取50片包衣片置于250W红外线灯下15 cm处受热4 h，片面应无变化。

(7) 耐湿耐水试验：将10片包衣片置于恒温、恒湿装置中，经过一定时间，以片剂增重为指标表示耐湿耐水性，或将包衣片放入纯化水中浸渍5 min，取出称重，计算增加的重量。

附注：78X-3C型片剂四用测定仪操作规程

1. 崩解时限的测定

(1) 在水箱内加入低于37℃的温水，将倒顺开关置于"倒"的位置，接好水箱九脚插头与热敏电阻插头。

(2) 开启电源开关和电热开关，待水温达到(38±1)℃、烧杯内水温达(37±1)℃时，电热保温指示灯闪跳。

(3) 将崩解支杆接杆接在崩解升降杆上，安装上崩解支杆臂和吊篮，将样品放入吊篮中（或加上挡板）。

(4) 将倒顺开关拨至"顺"的位置上，电动转动，拨选手开关至崩解档开始进行崩解测定。

(5) 测试完毕，拨动选择开关和倒顺开关，关掉电源和电热开关，清洗1000 mL烧杯。

2. 硬度的测定

(1) 检查硬度指针是否在零位。

(2)将硬度盒盖打开，旋动微调，夹住被测药片，药片放在顶柱与夹头间。

(3)开启电源开关，将倒顺开关置于"顺"的位置，拨选择开关至硬度档，加压指针左移，压力渐渐增加，药片破碎时将自动停机。

(4)记下刻度值即为硬度值，单位为 kg。

(5)将倒顺开关拨至"倒"的位置，指针退到零位，后自动停止。

(6)将选择开关拨至四空档，关闭电源。

3. 脆碎度的测定

打开脆碎轮鼓盖，放入测试药片，盖好盖子，将"硬度脆碎"按键按至"脆碎"位置，将脆碎拨叉拨至脆碎位置，按一下"脆碎复位"按键，便开始进行脆碎测试。轮鼓以 25 rpm 的转速旋转，至 100 r 时，操作自动停止并报警。测试完毕后关闭电源开关。

五、注意事项

(1)投片前检查素片外观质量是否合格，若合格，将片芯过筛，除去细粉后再投入包衣锅。

(2)喷雾时掌握好喷量与吹风的关系，既要保持片面略带润湿，又需防止片面粘连。温度应适中，如温度过高，干燥太快，成膜不好；温度低干燥太慢，会导致片面粘连。

(3)实验用包衣锅需要加装变频器以实现转速的精密控制；并使用硅橡胶条和硅氧烷黏剂在包衣锅内增装 5～6 块硅橡胶挡板，以提高混合效果。

六、思考题

(1)影响包衣片质量的因素有哪些？

(2)分析片剂压片过程中经常出现的问题及解决措施。

实验十三　对乙酰氨基酚片溶出度的测定

一、实验目的

(1) 掌握片剂溶出度的测定方法。
(2) 掌握溶出度测定仪的使用方法。

二、实验原理

片剂等固体制剂经服用后,在胃肠道中要先经过崩解和溶出两个过程,然后才能透过生物膜吸收。对于许多药物来说,其吸收量通常与该药物从剂型中溶出的量成正比。对难溶性药物而言,溶出是其主要过程,故崩解时限往往不能作为判断难溶性药物制剂吸收程度的指标。溶解度小于 0.1 g/L 的药物,体内吸收常受其溶出速度的影响。溶出速度除与药物的晶型、颗粒大小有关外,还与制剂的生产工艺、辅料、贮存条件等有关。为了有效地控制固体制剂质量,除采用血药浓度法或尿药浓度法等体内测定法推测吸收速度外,体外溶出度测定法不失为一种较简便的质量控制方法。

溶出度系指药物从片剂或胶囊剂等固体制剂在规定溶剂中溶出的速度和程度。但在实际应用中溶出度仅指一定时间内药物溶出的程度,一般用标示量的百分率表示。如《中华人民共和国药典》(2020 版)规定 30 min 内对乙酰氨基酚的溶出限度应为标示量的 80%。

对于口服固体制剂,特别是对那些体内吸收不良的难溶性的固体制剂,以及治疗剂量与中毒剂量接近的药物的固体制剂,均应作溶出度检查并将溶出度作为质量标准。

三、实验试剂与仪器

试剂:稀盐酸、蒸馏水、氢氧化钠、对乙酰氨基酚片。
仪器:烧杯、量筒、78X-3C 型片剂四用测定仪、微孔滤膜、分光光度计、容量瓶。

四、实验步骤

(一)转篮法仪器装置的使用

(1)转篮分篮体与篮轴两部分,均由不锈钢金属材料制成。篮体不锈钢丝网内径为(0.25±0.03)mm,转篮转动时幅度不得超出规定转速的±4%范围。

(2)操作容器为1000 mL的圆底烧杯,外套水浴;水浴的温度应能使容器内溶剂的温度保持在(37±1)℃。转篮底部离烧杯底部距离为(25±2)mm。

(3)电动机与篮轴相连,转速可任意调节为50~200 rpm,稳速误差不超过±4%。

(4)仪器应装有6套操作装置,可以一次测定6份供试品。取样点位置应在转篮上端距液面中间,离烧杯壁10 mm处。

(二)对乙酰氨基酚片溶出度的测定

(1)以往24 mL稀盐酸加经脱气处理的水至1000 mL的溶液为溶剂,量取1000 mL溶剂注入每个操作容器内,加温使溶剂温度保持在(37±1)℃。调节转篮转速为100 rpm,并使其稳定。

(2)取供试品对乙酰氨基酚6片,分别投入6个转篮内,将转篮降入容器内,立即开始计时。经30 min时,取溶液5 mL,过滤;精密量取续滤液1 mL,加0.4%氢氧化钠溶液稀释至50 mL,摇匀,按照分光光度法,在257 nm波长处测定吸收度,按$C_8H_9NO_2$的吸收分数($E_{1cm}^{1\%}$)为715计算出每片的溶出量。限度为标示量的80%,应符合规定。

(三)结果判断

对6片乙酰氨基酚中每片的溶出量按标示含量进行计算,均应不低于规定限度(Q);除另有规定外,限度(Q)为标示含量的70%。如6片中仅有1~2片低于规定限度,但不低于Q~10%,且平均溶出量不低于规定限度时,仍可判为符合规定。如6片中有1片低于Q~10%,应另取6片复试;初、复试的12片中仅有1~2片低于Q~10%,且其平均溶出量不低于规定限度时,亦可判为符合规定。

五、实验结果与讨论

对乙酰氨基酚片溶出度的测定结果记录在表 5-23 中。按照操作过程中的数值和内容依次填入介质、转速等数值。

溶出量按照下列公式计算。

$$c = \frac{A}{E_{1cm}^{1\%} l \times 100}$$

$$溶出质量 = \frac{A}{E_{1cm}^{1\%} l \times 100} \times n \times V$$

式中，c 为溶液浓度，单位为 g/mL；A 为吸光度；l 为液层厚度，单位为 cm（通常为 1 cm）；$E_{1cm}^{1\%}$ 为吸光系数；n 为稀释倍数（本实验为 50）；V 为溶出体积，单位为 mL（本实验为 1000 mL）。

$$溶出量(\%) = \frac{溶出质量}{标示量} \times 100\% \quad (保留至小数点后两位)$$

$$平均溶出量(\%) = \frac{溶出量1 + \cdots + 溶出量6}{6} \quad (保留至小数点后两位)$$

表 5-23 对乙酰氨基酚片溶出度的测定结果

介质				转速/rpm		
溶出体积/mL				介质温度/℃		
溶出时间/min				波长/nm		
	1	2	3	4	5	6
标示量/g						
吸光度 A						
溶出质量/g						
溶出量/%						
平均溶出量/%						
结论						

附注：
(1) 溶出仪水浴箱中应加入纯化水至水线，开机后水应循环。
(2) 溶液过滤用不大于 0.45 μm 的微孔滤膜，自取样至过滤应在 30 min 内完成。

六、思考题

(1) 为何有些药物的片剂或胶囊剂需测定溶出度?

(2) 欲使溶出度测定结果准确,实验过程应注意哪些问题?

第六章 设计性实验

实验一 脂质体的制备及包封率的测定

一、实验目的

(1) 掌握薄膜分散法制备脂质体的工艺。
(2) 掌握用阳离子交换树脂法测定脂质体包封率的方法。
(3) 熟悉脂质体的形成原理及作用特点。
(4) 了解"主动载药"与"被动载药"的概念。

二、实验原理

脂质体是由磷脂与附加剂为骨架膜材制成的具有双分子层结构的封闭囊状体。常见的磷脂分子结构中有两条较长的疏水烃链和一个亲水基团,将适量的磷脂加至水或缓冲溶液中,磷脂分子定向排列,其亲水基团面向两侧的水相,疏水的烃链彼此相对缔和为双分子层,构成脂质体。用于制备脂质体的磷脂有天然磷脂,如豆磷脂、卵磷脂等;合成磷脂,如二棕榈酰磷脂酰胆碱、二硬脂酰磷脂酰胆碱等。常用的附加剂为胆固醇。胆固醇也是两亲性物质,与磷脂混合使用,可制得稳定的脂质体,其作用是调节双分子层的流动性,降低脂质体膜的通透性。其他附加剂有十八胺、磷脂酸等,这两种附加剂均能改变脂质体表面的电荷性质,从而改变脂质体的包封率、体内外其他参数。

脂质体可分为三类:小单室(层)脂质体,粒径为 20~50 nm,经超声波处理的脂质体,绝大部分为小单室脂质体;多室(层)脂质体,粒径约为 400~3500 nm,

显微镜下可观察到犹如洋葱断面或人手指纹的多层结构；大单室脂质体，粒径为200～1000 nm，用乙醚注入法制备的脂质体多为这一类。

脂质体的制法有多种，根据药物的性质或需要进行选择。①薄膜分散法：这是一种经典的制备方法，它可形成多室脂质体，经超声处理后得到小单室脂质体。此法优点是操作简便，脂质体结构典型，但包封率较低。②注入法：有乙醚注入法和乙醇注入法等。其中，"乙醚注入法"是将磷脂等膜材料溶于乙醚中，在搅拌下慢慢滴于55～65℃含药或不含药的水性介质中，蒸去乙醚，继续搅拌1～2 h，即可形成脂质体。③逆相蒸发法：系将磷脂等脂溶性成分溶于有机溶剂，如氯仿中，再按一定比例与含药的缓冲液混合、乳化，然后减压蒸去有机溶剂即可形成脂质体。该法适合于水溶性药物、大分子活性物质，如胰岛素等的脂质体制备，可提高包封率。④冷冻干燥法：适用于在水中不稳定药物脂质体的制备。⑤熔融法：采用此法制备的多相脂质体，其物理稳定性好，可加热灭菌。

在制备含药脂质体时，根据药物装载的机理不同，可分为"主动载药"与"被动载药"两大类。所谓"主动载药"，即利用内外水相的不同离子或化合物浓度梯度进行载药，主要有 K^+、Na^+ 梯度和 H^+ 梯度（即 pH 梯度）等。传统上，人们采用最多的方法是"被动载药"法。所谓"被动载药"，即首先将药物溶于水相或有机相（脂溶性药物）中，然后按所选择的脂质体制备方法制备含药脂质体，其共同特点是：在装载过程中脂质体的内外水相或双分子层膜上的药物浓度基本一致，决定其包封率的因素为药物与磷脂膜的作用力、膜材的组成、脂质体的内水相体积、脂质体数目及药脂比（药物与磷脂膜材比）等。对于脂溶性的、与磷脂膜亲和力高的药物，"被动载药"法较为适用。而对于两亲性药物，其油水分配系数受介质的 pH 值和离子强度的影响较大，包封条件的较小变化，就有可能使包封率有较大的变化。

评价脂质体质量的指标有粒径大小、粒径分布和包封率等。其中脂质体的包封率是衡量脂质体内在质量的一个重要指标。常见的包封率测定方法有分子筛法、超速离心法、超滤法等。本文采用阳离子交换树脂法测定包封率。"阳离子交换树脂法"是利用离子交换作用，使带正电荷的未包进脂质体中的药物（即游离药物），如本实验中的游离的小檗碱，被阳离子交换树脂吸附除去。而包封于脂质体中的药物（如小檗碱），由于脂质体带负电荷，不能被阳离子交换树脂吸附，从而达到分离目的，此原理可用以测定包封率。

三、实验试剂与仪器

试剂：豆磷脂、胆固醇、无水乙醇、磷酸氢二钠、磷酸二氢钠、盐酸小檗碱、柠檬酸、柠檬酸钠、碳酸氢钠、蒸馏水。

仪器：电子天平、光学显微镜、分光光度计、pH 计、烧杯、磁力搅拌器、水浴锅、微孔滤膜、吸耳球、西林瓶、5 mL 注射器、阳离子交换树脂、容量瓶。

四、实验操作

(一) 空白脂质体的制备

1. 处方

注射用豆磷脂	0.9 g
胆固醇	0.3 g
无水乙醇	1～2 mL
磷酸盐缓冲液	适量

制成 30 mL 脂质体

2. 操作步骤

(1) 磷酸盐缓冲液(PBS)的配制：称取磷酸氢二钠($Na_2HPO_4 \cdot 12H_2O$) 0.37 g 与磷酸二氢钠($NaH_2PO_4 \cdot 2H_2O$) 2.0 g，加蒸馏水适量溶解并稀释至 1000 mL(pH 值约为 5.7)。

(2) 称取处方量磷脂、胆固醇于 50 mL 小烧杯中，加无水乙醇 1～2 mL，置于 65～70℃水浴锅中，搅拌使溶解，旋转该小烧杯使磷脂的乙醇液在杯壁上成膜，用吸耳球轻吹风，使乙醇挥发散去。

(3) 另取磷酸盐缓冲液 30 mL 于小烧杯中，同置于 65～70℃水浴中，保温，待用。

(4) 取预热的磷酸盐缓冲液 30 mL，加至含有磷脂和胆固醇脂质膜的小烧杯中，65～70℃水浴中搅拌水化 10 min。随后将小烧杯置于磁力搅拌器上，室温下搅拌 30～60 min，如果溶液体积减小，可补加水至 30 mL，混匀，即得。

(5) 取样，在显微镜下观察脂质体的形态，画出所见脂质体结构，记录最多和最大的脂质体的粒径；随后将所得脂质体溶液通过 0.8 μm 微孔滤膜两遍，进行整粒，再于显微镜下观察脂质体的形态，画出所见脂质体结构，记录最多和最大的脂质体的粒径。

3. 注意事项

（1）在整个实验过程中禁止用火。

（2）磷脂和胆固醇的乙醇溶液应澄清，不能在水浴中放置过长时间。

（3）磷脂、胆固醇形成的薄膜应尽量薄。

（4）60～65℃水浴中搅拌水化 10 min 时，一定要充分保证所有脂质水化，不得存在脂质块。

（二）被动载药法制备盐酸小檗碱脂质体

1. 处方

注射用豆磷脂	0.6 g
胆固醇	0.2 g
无水乙醇	1～2 mL
盐酸小檗碱溶液（1 mg/mL）	30 mL

制成 30 mL 脂质体

2. 操作步骤

（1）盐酸小檗碱溶液的配制：称取适量的盐酸小檗碱溶液，用磷酸盐缓冲液配成 1 mg/mL 和 3 mg/mL 的两种浓度的溶液。

（2）盐酸小檗碱脂质体的制备：按处方量称取豆磷脂、胆固醇置于 50 mL 的小烧杯中，加无水乙醇 1～2 mL，余下操作除将磷酸盐缓冲液换成盐酸小檗碱溶液外，同"空白脂质体制备"，即为"被动载药"法制备的小檗碱脂质体。

3. 注意事项

（1）在整个实验过程中禁止用火。

（2）磷脂和胆固醇的乙醇溶液应澄清，不能在水浴中放置过长时间。

（3）磷脂、胆固醇形成的薄膜应尽量薄。

（4）60～65℃水浴中搅拌水化 10 min 时，一定要充分保证所有脂质水化，不得存在脂质块。

(三)主动载药法制备盐酸小檗碱脂质体

1. 柠檬酸缓冲液的制备

称取柠檬酸10.5 g和柠檬酸钠7 g置于1000 mL容量瓶中,加水溶解并稀释至1000 mL,混匀,即得。

2. 碳酸氢钠溶液的制备

称取碳酸氢钠50 g,置于1000 mL容量瓶中,加水溶解并稀释至1000 mL,混匀,即得。

3. 空白脂质体的制备

称取磷脂0.9 g和胆固醇0.3 g,置于50 mL或100 mL烧杯中,加2 mL无水乙醇,于65~70℃水浴中溶解并挥散乙醇,于烧杯上成膜后,加入同温的柠檬酸缓冲液30 mL,65~70℃水浴中搅拌水化10 min。随后将烧杯取出,置于电磁搅拌器上,在室温下搅拌30~60 min,充分水化,补加蒸馏水至30 mL,所得脂质体溶液通过0.8 μm微孔滤膜两遍,进行整粒。

4. 主动载药

准确量取空白脂质体2 mL、药液(3 mg/mL) 1 mL、碳酸氢钠溶液0.5 mL,在振摇下依次加于10 mL西林瓶中,混匀,70℃水浴中保温20 min,随后立即用冷水降温,即得。

5. 注意事项

(1)"主动载药"过程中,加药顺序一定不能颠倒,加三种液体时,随加随摇,确保混合均匀,保证体系中各部位的梯度一致。

(2)水浴保温时,也应注意随时轻摇,只需保证体系均匀即可,无需剧烈摇动。

(3)用冷水冷却过程中,也应轻摇。

(四)盐酸小檗碱脂质体包封率的测定

1. 阳离子交换树脂分离柱的制备

称取已处理好的阳离子交换树脂适量,装于底部已垫有少量玻璃棉的5 mL注射器筒中,加入PBS水化阳离子交换树脂,自然滴尽PBS,即得。

2. 柱分离度的考察

(1)盐酸小檗碱与空白脂质体混合液的制备：精密量取 3 mg/mL 盐酸小檗碱溶液 0.1 mL，置于小试管中，加入 0.2 mL 空白脂质体，混匀，即得。

(2)对照品溶液的制备：取(1)中制得的混合液 0.1 mL 置于 10 mL 容量瓶中，加入 95% 乙醇 6 mL，振摇使之溶解，再加 PBS 至刻度，摇匀，过滤，弃去初滤液，取续滤液 4 mL 于 10 mL 容量瓶中，加 PBS 至刻度，摇匀，即得对照品溶液。

(3)样品溶液的制备：取(1)中制得的混合液 0.1 mL 至分离柱顶部，待柱顶部的液体消失后，放置 5 min，仔细加入 PBS(注意不能将柱顶部离子交换树脂冲散)，进行洗脱(需 2~3 mL PBS)，同时收集洗脱液于 10 mL 容量瓶中，加入 95% 乙醇 6 mL，振摇使之溶解，再加 PBS 至刻度，摇匀，过滤，弃取初滤液，取续滤液为样品溶液。

(4)空白溶媒的配制：取乙醇(95%)30 mL，置于 50 mL 容量瓶中，加 PBS 至刻度，摇匀，即得。

(5)吸收度的测定：以空白溶媒为对照，在 345 nm 波长处分别测定样品溶液与对照品溶液的吸收度，计算柱分离度。分离度要求大于 0.95。

$$柱分离度 = 1 - \frac{A_{样}}{A_{对} \times 2.5}$$

式中，$A_{样}$ 为样品溶液的吸收度，$A_{对}$ 为对照品溶液的吸收度，2.5 为对照品溶液的稀释倍数。

(6)包封率的测定

精密量取盐酸小檗碱脂质体 0.1 mL 两份，一份置于 10 mL 容量瓶中，按"柱分离度的考察"项下(2)进行操作，另一份置于分离柱顶部，按"柱分离度考察"项下(3)进行操作，所得溶液于 345 nm 波长处测定吸收度，按下式计算包封率。

$$包封率(\%) = \frac{A_L}{A_T} \times 100\%$$

式中，A_L 为通过分离柱后收集脂质体中盐酸小檗碱的吸收度，A_T 为盐酸小檗碱脂质体中总的药物吸收度。

五、实验结果与结论

(1)绘制显微镜下脂质体的形态图，从形态上观"脂质体""乳剂"及"微囊"有何差别。

(2)记录显微镜下可测定的脂质体的粒径。

(3)计算柱分离度与包封率。

(4)以包封率为指标,评价"主动载药"与"被动载药"法在制备盐酸小檗碱脂质体时的优劣。

六、思考题

(1)以脂质体作为药物载体的机理和特点。讨论影响脂质体形成的因素。

(2)如何提高脂质体对药物的包封率?

(3)包封率测定方法如何选择?本文所用的方法与"分子筛法""超速离心法"相比,有何优缺点?

(4)如何设计一个有关脂质体的实验方案?本实验方案还有哪些方面有待改进?

实验二 壳聚糖载药微球的制备和包封率的测定

一、实验目的

(1)掌握离子交联法制备壳聚糖载药微球的原理及基本操作。

(2)掌握使用紫外分光光度计测量微球的载药量和包封率的方法。

二、实验原理

微球(microspheres)是指药物溶解或分散于高分子材料中形成的微小球状实体,球形或类球形,一般制备成混悬剂供注射或口服用。微球粒径范围一般为 1~250 μm。其中粒径在 0.1~1 μm 之间的称亚微球;粒径在 10~100 nm 之间的称纳米球(nanospheres)或纳米粒(nanoparticles),属于胶体范畴。制备微球的载体材料很多,主要分为天然高分子微球(如淀粉微球、白蛋白微球、明胶微球、壳聚糖等)和合成聚合物微球(如聚乳酸微球)。

目前,制备微球的常用方法主要有乳化分散法、凝聚法及聚合法三种。根据所需微球的粒度与释药性能及临床给药途径不同,可选用不同的制备方法。

1. 乳化分散法

乳化分散法系指药物与载体材料溶液混合后,将其分散在不相溶的介质中形成类似油包水(W/O)或水包油(O/W)型乳剂,然后使乳剂内相固化、分离制备微球的方法。

2. 凝聚法

凝聚法是指药物与载体材料的混合液中,通过外界物理化学因素的影响,如用带相反电荷、脱水、溶剂置换等措施使载体材料溶解度发生改变,凝聚载体材料包裹药物而自溶液中析出的方法。凝聚法制备微球常用载体材料有壳聚糖、明胶、阿拉伯胶等。

3. 聚合法

聚合法是指以载体材料单体通过聚合反应,在聚合过程中将药物包裹,形成微球的方法。此种方法所制备得到的微球具有粒径小、易于控制等优点。

目前实验室制备微球常用的载体是壳聚糖。壳聚糖是一种多糖,也是自然界中第二大糖类,由甲壳素经脱乙酰反应得到,而甲壳素是虾或螃蟹的外骨骼以及真菌的细胞壁的主要组成部分。壳聚糖的结构与纤维素相似,但是,与纤维素不同的是,壳聚糖糖苷链上连接着 2-氨基-2-脱氧-β-D-葡聚糖,正是因为壳聚糖有了这个氨基,使其被广泛地应用于药物制备与研发。同时壳聚糖还是无毒的、具有生物可降解性和生物相容性并且不会引发免疫排斥反应的材料。更重要的是壳聚糖还具有黏膜吸附性,这可以使其在体内停留更长的时间。正是因为有着上述众多优点,使壳聚糖成为药物载体的理想原材料。

焦磷酸钠分子式 $Na_4P_2O_7 \cdot 10H_2O$,为无色或白色结晶性粉末,相对密度 1.82,易溶于水,不溶于乙醇,对热极稳定。是一种常见的食品添加剂。壳聚糖与焦磷酸钠反应的原理:壳聚糖在酸性条件下产生自由氨基 NH_3^+(图 6-1)。自由氨基带有正电荷,而三聚磷酸钠在水溶液中产生阴离子,壳聚糖的自由氨基阳离子与三聚磷酸钠上的阴离子发生静电吸附反应,紧紧地吸附在一起。

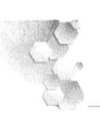

图 6-1 壳聚糖在酸性条件下产生自由氨基

三、实验试剂和仪器

试剂：壳聚糖、醋酸、氢氧化钠、焦磷酸钠、无水乙醇、布洛芬原料、蒸馏水；试剂均为分析纯。

仪器：循环水式真空泵、台式低速自动离心机、冷冻干燥机、pH 计、电子天平、离心管、紫外分光光度计、量筒、烧杯、布氏漏斗、抽滤瓶、玻璃棒。

四、实验步骤

(一) 载药微球的制备

先称取 0.5 g 的壳聚糖，溶解于 50 mL(2% V/V)醋酸溶液中，制得 1%(W/V)的壳聚糖醋酸溶液，然后用循环水式真空泵抽滤除去壳聚糖中的杂质。在室温下，向壳聚糖醋酸溶液中滴加 NaOH 溶液(0.1 mol/L)，调节 pH 值为 4.5。加入 0.2 g 的布洛芬，搅拌 30 min 使其成为均一、稳定的悬浊液。在 325 rpm 转速的条件下，将 140 mL 的焦磷酸钠溶液(0.7 g/L)滴加到上述悬浊液中，得到壳聚糖微球溶液。停止反应后，加入 30 mL NaOH(0.1 mol/L)溶液，产生絮状沉淀。将产物分放在 50 mL 离心管内，用台式低速自动离心机(3000 rpm)离心 4 min，弃去上层清液。用蒸馏水洗涤离心产物三次，最后将产物在 -43℃的条件下冷冻干燥 24 h，即得到壳聚糖载药微球。

(二) 微球载药量和包封率的测量

1. 标准曲线的绘制

精密称取干燥至恒重的布洛芬约 20 mg 置于 100 mL 溶量瓶中，加无水乙醇溶解，定容，摇匀。分别吸取溶液 0.1、0.2、0.3、0.4、0.5、0.6 mL 分别置于 6 个 10 mL 容量瓶中，加无水乙醇定容。以无水乙醇为空白对照，在 265 nm 波长处测定吸收度，以吸收度对浓度回归，得标准曲线回归方程。

2. 载药量和包封率的测量

精确称取 0.1 g 载药微球置于 20 mL 的乙醇溶液中，超声 30 min 使微球中的布洛芬完全溶于乙醇中，过滤，取滤液，在波长 265 nm 处测其吸光度，将所测定吸光度的值代入标准曲线拟合方程中，计算滤液中布洛芬的浓度，进而计算微球中所含药物量(mg)。

确定溶液中布洛芬的浓度，计算其载药量及包封率：

$$载药量(\%) = \frac{微球中所含药物量}{微球总量} \times 100\%$$

$$包封率(\%) = \frac{微球中所含药物量}{微球中所含药物量 + 介质中的药量} \times 100\%$$

五、思考题

(1) 为什么搅拌的转速是 325 rpm，转速增高会出现什么结果？
(2) 如果焦磷酸钠溶液的浓度增加，会有什么现象产生？

实验三　茶碱缓释片的制备

一、实验目的

(1) 熟悉缓释制剂的基本原理与设计方法。
(2) 掌握缓释片的制备工艺。
(3) 熟悉缓释片的质量检查方法。

二、实验原理

缓释制剂(sustained-release preparations)通常是指口服给药后能在机体内缓慢

释放药物,使药物达有效血浓度,并能维持相当长时间的制剂。其药物释放过程主要是一级速率过程。对于注射型缓释制剂,药物释放可持续数天至数月;口服缓释剂型的持续时间则根据其在消化道内的滞留时间而定,可达 8～10 h。缓释制剂可较持久地传递药物,减少用药频率,降低血药浓度峰谷现象,提高药效和安全性。茶碱在临床上主要用作平喘药,因其治疗血药浓度范围窄(10～20 μg/mL),故希望制成缓释制剂以减小血药浓度的波动,避免毒性作用,并减少服药次数。

按给药途径分类:经胃肠道给药如片剂(包衣片、骨架片、多层片)、丸剂、胶囊剂(肠溶胶囊、药树脂胶囊、涂膜胶囊)等。不经胃肠道给药的缓释制剂包含注射剂、栓剂、膜剂、植入剂等。缓释制剂按制剂工艺主要分为骨架型缓释制剂、膜控型缓释制剂、渗透泵型缓释制剂。

三、实验试剂与仪器

试剂:茶碱、淀粉、硬脂酸镁、硬脂醇、羟丙基甲基纤维素、0.1mol/L 的盐酸溶液、蒸馏水。

仪器:烧杯、容量瓶、粉碎机、振动筛、干燥箱、单冲压片机、蒸发皿、研钵、片剂四用测定仪、紫外分光光度计、电子天平、18 目药筛、80 目药筛。

四、实验步骤

(一)普通片的制备

1. 处方

茶碱 10 g,淀粉浆(8%)适量,淀粉 3 g,硬脂酸镁 0.14 g。

2. 操作步骤

按量称取茶碱,过 80 目筛,加入一半量的淀粉,混合均匀。然后用冲浆法制备 8% 淀粉浆(将淀粉 8 g 加入 10 mL 冷水中,搅匀,再冲入 90 mL 的沸水,不断搅拌至成半透明糊状)。将淀粉浆与茶碱混合制成软材,18 目筛制成湿颗粒,于 60 ℃ 条件下干燥,然后再用 18 目筛整粒,加入余下的淀粉及硬脂酸镁,混匀,称重,计算片重,以直径 7 mm 的模冲压片。每片含主药量为 100 mg。

(二)溶蚀性骨架片的制备

1. 处方

茶碱 10 g,羟丙基甲基纤维素 0.1 g,硬脂醇 1 g,硬脂酸镁 0.14 g。

2. 操作步骤

按处方量称取茶碱,过 80 目筛,另将硬脂醇置于蒸发皿中,于 80℃ 水浴上加热熔融,加入茶碱搅匀,冷却后,置于研钵中研碎。加羟丙基甲基纤维素胶浆(以 70% 的乙醇 3 mL 制得)制成软材(若胶浆量不足,可再加 70% 乙醇适量),以 18 目筛制湿颗粒,于 60℃ 条件下干燥,再用 18 目筛整粒,加入硬脂酸镁混合均匀,称量,计算片重,以直径 7 mm 的模冲压片。

(三)质量检查与评定

1. 释放度试验

(1)标准曲线的制备:精密称定茶碱对照品约 20 mg 置于 100 mL 容量瓶中,加 0.1 mol/L 的盐酸溶液溶解、定容。精密吸取此液 10 mL 置于 50 mL 容量瓶中,加 0.1 mol/L 的盐酸溶液定容,此时其浓度为 40 mg/mL。然后取此溶液 0.2、0.5、1、3、4 mL 分别置于 5 个 10 mL 容量瓶中,加 0.1 mol/L 的盐酸溶液定容,即配成浓度分别为 0.8、2、4、12、16 mg/mL 的溶液。按照分光光度法,在 270 nm 的波长处测定吸光度。对溶液浓度与吸光度进行回归分析得到标准曲线回归方程。

(2)释放度试验:取制得的茶碱缓释片 1 片,精密称定重量,置于转篮中,采用下列条件进行释放度试验:释放介质:0.1 mol/L 盐酸 900 mL;温度:(37±0.5)℃;转篮速度:100 rpm;标准取样时间:1、2、3、4、6 h。

取样及分析方法:每次取样 3 mL,同时补加同体积释放介质。样品液用 0.8 μm 微孔滤膜过滤,取滤液 1 mL,置于 10 mL 容量瓶中,用 0.1 mol/L 的盐酸溶液定容。按照分光光度法,在 270 nm 的波长处测定吸光度。

对于茶碱普通片,在上述条件下于 30 min 取样按上法测定。

2. 片重差异

取茶碱片 20 片,精密称定总重量,求得平均片重后,再分别精密称定各片的重量。将每片重量与平均片重相比较,超出重量限度的药片不得超过 2 片,并不得有一片超出限度 1 倍(表 6-1)。

表 6-1 重量差异限度要求

平均片重/g	重量差异限度/%
<0.30	±7.5
≥0.30	±5.0

3. 硬度

取样品 3～6 片，采用硬度计测定药品的硬度，求出平均硬度，使之符合一定的标准。

五、实验结果与讨论

(1)将片重差异数据记录在表 6-2 中。

表 6-2 片重差异的测试结果

序号	片重/g	平均片重/g	差异范围/%	结论	备注
1					
2					
3					
4					
5					
…					
19					
20					

(2)将释放度测定数据记录在表 6-3 中。

表 6-3 不同时间释放溶液中茶碱的浓度和累积释放量

时间/h	茶碱的浓度/(mg·mL^{-1})	累积释放量/mg
1		
2		
3		
4		
6		

(3)记录茶碱缓释片的硬度。

六、思考题

(1) 如何设计缓释制剂？应考虑哪些主要问题？

(2) 标准的骨架型缓释制剂应符合哪些要求？

实验四　薄荷油/β-环糊精包合物的制备和质量检查

一、实验目的

(1) 了解 β-环糊精(β-CD)的性质和应用。

(2) 掌握包合物的制备方法。

(3) 熟悉包合物的检查方法。

二、实验原理

包合物由客分子和主分子两种组分加合而成。主分子具有较大的空穴结构，足以将客分子容纳在内形成分子囊。

将药物制成包合物将具有如下优点：可增加药物的溶解度和溶出速度；可提高药物的稳定性，使液体药物粉末化；可改善药物的吸收和生物利用度；可降低药物的刺激性与毒副作用；可掩盖药物的不良嗅味；可调节释药速率。

目前应用最多的主分子是环糊精。环糊精(cyclodextrin，简称 CD)是一种新型水溶性包合材料，是淀粉经酶解得到的一种产物。这些分子中有 6 2 8 个葡萄糖残基，分别简称 α-环糊精、β-环糊精、γ-环糊精，其中 β-环糊精(β-CD)的使用较为广泛。β-CD 具筒状结构，筒内壁空腔直径约 7Å，筒内侧显疏水性，可将一些体积和形态合适的药物分子或部分基团借助范德华力包合在疏水区内，形成的包合物可对药物起到稳定(抗氧化、抗紫外线、防止挥发、吸湿等)或提高溶解度等作用。

环糊精包合物的制备方法有很多，有饱和水溶液法、研磨法、冷冻干燥法、喷雾干燥法、中和法、密封加热法等，其中以饱和水溶液法最为常用。

包合物的检查目的主要是鉴别药物是否已被环糊精包入空穴以及其包合的方式为哪种。可采用显微镜、相溶解度、X射线衍射、红外光谱、核磁共振、差热分析、薄层色谱等一系列方法加以验证。

本试验中客分子为薄荷油，其主要成分为薄荷脑、薄荷酮等，具有发汗、抗菌、解痉等作用，但容易挥发，制成环糊精包合物后可延缓和减少其挥发，同时使液态油改变成固体粉末，便于配方，兼具缓释作用。

三、实验试剂与仪器

试剂：β-CD、薄荷油、无水乙醇、硅胶G、1%香荚兰醛硫酸液、乙酸乙酯、石油醚等。

仪器：带塞锥形瓶(100 mL)、标准滴管、玻璃棒、量筒(100 mL)、展开槽、干燥器、薄层板、水浴、电炉。

四、实验步骤

(一)药物包合物的制备

1. 处方

β-CD 4 g，薄荷油 1 mL，蒸馏水 50 mL。

2. 操作步骤

称取 β-CD 4 g 置于 100 mL 带塞锥形瓶中，加水 50 mL，加热溶解，降温至 50℃，滴加薄荷油 1 mL，恒温搅拌 2.5 h，有白色沉淀析出。待沉淀完全后过滤，用无水乙醇 5 mL 洗涤 3 次，至表面近无油迹，将包合物置干燥器中干燥，即得。

(二)包合物的检查

1. 薄层法检查包合物

(1)样品制备：取包合物 0.5 g，加入 95% 乙醇 2 mL，振摇后过滤，得样品A。另取薄荷油 2 滴，加入 95% 乙醇 2 mL，混合溶解，得样品B。

(2)制板：取硅胶G和水以 1∶3 的比例研磨、铺板、自然干燥，置于烘箱中 105℃ 活化 1 h，备用。

(3) 点样：以毛细管吸取样品 A 和 B 各 10 μL，点样。

(4) 展开：展开剂为乙酸乙酯—石油醚($V:V=15:85$)共溶剂系统。将点样后的硅胶板放入展开槽中饱和 5 min，再斜行展开。

(5) 显色：喷 1% 香荚兰醛硫酸液，烘干，比较样本 A、B 斑点异同。

2. 包合物收得率的计算

$$包合物收得率 = \frac{包合物的量(g)}{\beta\text{-CD}(g) + 薄荷油投入量(g)} \times 100\%$$

五、注意事项

(1) 本实验采用饱和水溶液法(亦称共沉淀法)制备包合物，β-CD 的水溶解度为 1.79%(25℃)，但 45℃ 时溶解度可增加至 3.1%。故在实验过程中，应控制好反应温度。包合完成后降低温度，使 β-CD 从水中析出沉淀。

(2) 包合率取决于环糊精种类、药物与环糊精的配比量及包合时间，应按照实验内容的要求进行操作。

六、思考题

(1) 制备包合物时应注意哪些关键操作和问题？
(2) 除本实验采用的方法，还有哪些方法可用以制备包合物，各有何优缺点？
(3) 包合物在药物制剂中有何意义？

实验五　固体分散体的制备和鉴定

一、实验目的

(1) 掌握共沉淀法及熔融法制备固体分散体的制备工艺。
(2) 熟悉固体分散体的鉴定方法。
(3) 掌握溶出度测定的方法及溶出速率曲线的绘制。

二、实验原理

固体分散体(solid dispersion)系指药物以分子、胶态、微晶等状态均匀分散在某一固态载体物质中所形成的分散体系。将药物制成固体分散体所采用的制剂技术称为固体分散技术。将药物制成固体分散体具有如下作用：增加难溶性药物的溶解度和溶出速率；控制药物释放；利用载体的包蔽作用，掩盖药物的不良嗅味和降低药物的刺激性；使液体药物固体化等。

固体分散体所用载体材料可分为水溶性载体材料、难溶性载体材料、肠溶性载体材料三大类。水溶性载体材料包括：聚乙二醇类(PEG)、聚维酮类(PVP)、表面活性剂类、有机酸类、糖类与醇类、纤维素衍生物类；难溶性载体材料包括：纤维素衍生物类、聚丙烯酸树脂类、脂质类；肠溶性载体材料包括：纤维素衍生物类、聚丙烯酸树脂类。

固体分散体的类型有：固体溶液、简单低共熔混合物、共沉淀物(也称共蒸发物)等。

固体分散体常用的制备方法有：

(1)熔融法：将药物与载体混匀后，加热熔融，并在剧烈搅拌下迅速冷却固化。本方法适用于熔点较低的药物。

(2)溶剂法：又称共沉淀法，将药物与载体共溶于同一溶剂系统中，蒸去溶剂即得共沉淀固体分散体。本方法适用于高熔点的药物。

(3)溶剂-熔融法：将药物溶于有机溶剂中制成溶液，加入熔融的载体中，搅拌后冷却固化即得。适用于高熔点、不耐热的药物。

(4)研磨法：将药物和载体混匀后，长时间强力研磨，使药物与载体以氢键结合的方式形成固体分散体。所用载体比例较高，适用于小剂量药物。

(5)喷雾干燥(或冷冻干燥)法：将药物和载体溶解于同一溶剂中，喷雾干燥或冷冻干燥除去溶剂即得。适用于遇热不稳定的药物。

根据药物的分散状态及制备方法，可把固体分散体分为低共熔混合物、共沉淀物和固态溶液三种类型，其中药物的分散状态分别为微晶、无定形及分子三种形式。三种类型均可提高药物的溶出速度，其中以固态溶液的效果最好。

药物与载体是否形成了固体分散体，一般用红外光谱法、热分析法、粉末X射线衍射法、溶解度及溶出度测定法、核磁共振谱法等方法验证。本实验通过溶出度测定法进行验证。

三、实验试剂与仪器

试剂：布洛芬、布洛芬片(市售)、聚乙烯吡咯烷酮 k-30(PVP k-30)、无水乙醇、二氯甲烷、$Na_2HPO_4 \cdot 12H_2O$、$NaH_2PO_4 \cdot 2H_2O$ 等。

仪器：天平、恒温水浴、蒸发皿、研钵、80 目筛、玻璃板(或不锈钢板)、紫外分光光度仪、容量瓶、智能溶出试验仪、5 mL 注射器、0.8 μm 微孔滤膜、试管、吸量管等。

四、实验步骤

(一) 布洛芬-PVP 固体分散体(共沉淀物)的制备

1. 处方

布洛芬 0.5 g，PVP k-30 2.5 g。

2. 操作步骤

(1) 布洛芬 – PVP 共沉淀物的制备：取 PVP k-30 2.5 g，置于蒸发皿内，加无水乙醇—二氯甲烷(1:1)混合溶剂 10 mL，在 50～60℃ 水浴上加热溶解，再加入布洛芬 0.5 g，搅匀使溶解，在搅拌下蒸去溶剂，取下蒸发皿，置于干燥器内干燥，再用研钵研碎，过 80 目筛，即得。

(2) 布洛芬 PVP 物理混合物的制备：按共沉淀物中布洛芬和 PVP 的比例，称取适量的布洛芬和 PVP，混匀，即得。

3. 注释

(1) 制备布洛芬 – PVP 共沉淀物时，溶剂的蒸发速度是影响共沉淀物均匀性的重要因素，搅拌可促进溶剂快速蒸发，进而使得产物获得良好的均匀性。

(2) 蒸去溶剂后倾入不锈钢板或玻璃板上，迅速冷凝固化，这有利于提高共沉淀物的溶出速度。

(二) 布洛芬 – PVP 共沉淀物溶出速度的测定

1. 具体操作

(1) 溶出介质(pH = 6.8 的磷酸盐缓冲液)的配置：称取 $Na_2HPO_4 \cdot 12H_2O$ 11.9 g，

加蒸馏水定容 500 mL,再称取 $NaH_2PO_4 \cdot 2H_2O$ 5.2 g,加蒸馏水定容 500 mL,两液混合即得。

(2)标准曲线的绘制:精密称取干燥至恒重的布洛芬约 20 mg 置于 100 mL 容量瓶中,加无水乙醇溶解,定容,摇匀。精密吸取溶液 0.1、0.2、0.3、0.4、0.5、0.6 mL 分别置 10 mL 容量瓶中,加溶出介质定容,以溶出介质为空白对照,在 265 nm 波长处测定吸光度,以吸光度对浓度回归,得标准曲线回归方程。

(3)实验样品的准备:分别称取布洛芬片、布洛芬-PVP 共沉淀物及布洛芬-PVP 物理混合物适量(所含布洛芬量均为 200 mg)。

(4)溶出速度的测定:按照《中华人民共和国药典》(2020 年版)二部附录中的溶出度测定方法桨法进行测定。调节溶出仪水浴温度为 (37 ± 0.5) ℃,恒温。准确量取 900 mL 溶出介质(pH = 6.8 的磷酸盐缓冲液),倒入测定仪的溶出杯中,预热并保持 (37 ± 0.5) ℃。另外用烧杯盛装 200 mL 溶出介质于恒温水浴中保温,作补充介质用。调节搅拌桨转速为 100 rpm。取实验样品,分别置入溶出杯内,立即开始计时。分别于 1、3、5、10、15、20、30 min 用注射器取样 5 mL,同时补加溶出介质 5 mL,用 0.8 μm 微孔滤膜滤过,弃去初滤液,取后续滤液 1 mL 置于 25 mL 容量瓶中,加溶出介质定容,摇匀,以溶出介质为空白,在 265 nm 波长处测定吸光度,按标准曲线回归方程计算不同时间各样品的累积溶出量(%),并对时间作图,绘制溶出曲线。

2. 注释

(1)溶出速度的测定取样时,注意取样器伸入液面的位置。样品用微孔滤膜过滤时,速度应尽可能快,最好在 30 s 内完成。

(2)测定累积溶出量(%)时按布洛芬的实际投入量来计算,同时请注意进行校正。

五、实验结果与讨论

(1)绘制标准曲线并拟合出标准曲线回归方程和相关系数。
(2)将试验样品的溶出速度测定时的稀释倍数及吸光度 A 值填于表 6-4。

表6-4　布洛芬试验样品溶出速度测定记录及累积溶出量

样品	取样时间/min	稀释倍数	A 值	$c/(\mu g \cdot mL^{-1})$	$c'/(\mu g \cdot mL^{-1})$	累积溶出量/%
布洛芬片	1					
	3					
	5					
	10					
	15					
	20					
	30					
布洛芬-PVP共沉淀物	1					
	3					
	5					
	10					
	15					
	20					
	30					
布洛芬-PVP物理混合物	1					
	3					
	5					
	10					
	15					
	20					
	30					

浓度较正：

$$c'_n = c_n + (V_0/V) \sum_{i=1}^{n-1} c_i$$

式中，c'_n 为校正浓度，单位为 $\mu g/mL$；V_0 为每次取样体积，mL；c_n 为实测浓度，单位为 $\mu g/mL$；V 为介质总体积，单位为 mL。

累积溶出量的计算：

$$累积溶出量(\%) = \frac{c'(\mu g/mL) \times 稀释倍数 \times 10^{-3}}{样品中布洛芬量(mg)}$$

（3）绘制累积溶出量曲线：以布洛芬累积溶出量(%)为纵坐标，以取样时间为横坐标,绘制试验样品的累积溶出曲线,讨论并分析固体分散体是否形成。

六、思考题

(1)请对溶出曲线进行解释。

(2)固体分散体除可以采用溶剂法进行制备外,还可以采用什么方法?各种方法有什么优缺点?

(3)固体分散体在药剂学的应用中有何特点及存在的问题?

(4)本试验还有哪些方面需要改进,你是否可以设计其他的相关试验?

(5)采用溶剂法制备固体分散体(共沉淀物)时,载体材料是否需要预先进行筛分处理?

附注:溶出试验仪的调试与使用

1. 溶出试验仪的结构组成

目前,国内已有多种溶出试验仪产品,本实验中溶出试验仪的结构外形如图6-2所示,对于固体制剂溶出度的测定,《中华人民共和国药典》(2020版)规定有转篮法、浆法和小杯法,且有仪器专用配件。下面以浆法所用智能溶出试验仪为例,简单介绍该仪器的调试与使用。

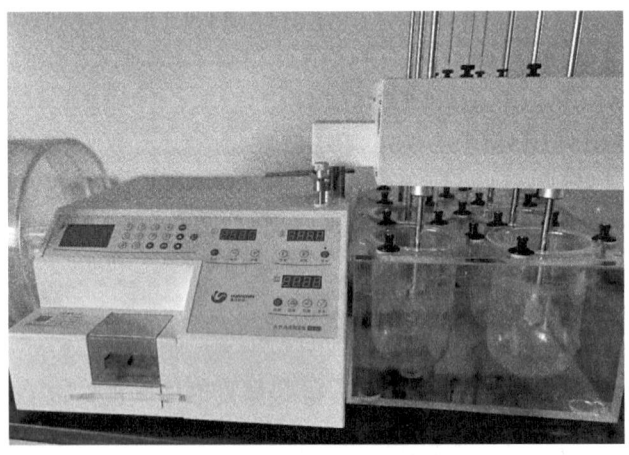

图6-2 溶出试验仪结构示意图

2. 溶出试验仪的使用方法

(1)给水浴箱注入蒸馏水至水面高达水线标志。

(2)将电源插头接在有地线的 220 V 电源插座中，按下仪器底右侧的电源开关，指示灯亮，水泵启动，水浴槽中的水开始循环流动。

(3)主机箱右侧是温度控制部分，设有选择键和加热键，温度选择共分 32.0℃、37.0℃、37.5℃、38.0℃四挡。按加热键，加热指示红灯亮，水开始加热。按住选择键，温度选择灯依次循环闪亮，到达设定的温度时，释放选择键，绿灯所对应的温度就是所需温度。水温将被控制在该点 ±0.2℃ 范围内。当温度到达设定温度时，红色指示灯灭，表示加热系统停止加热。当温度低于设定温度时，红色指示灯亮，表示加热系统开始加热。

(4)主机箱右侧是转速控制部分，设有启动键、减速键、加速键。按下电源开关后，正常情况下转速显示窗应显示"P"，按启动键，各桨杆或转篮杆以 100 rpm 的速度旋转。按减速键，转速逐渐降低，反之，按加速键，转速逐渐增加，转速可在 25～200 rpm 范围内选择。释放启动键，转动停止，再按启动键可恢复原转速。

(5)取样针头和调整垫是为了方便达到药典规定的取样面而设置的，如 500 mL 溶出介质使用薄垫长弯针头，600 mL 使用厚热长弯针头，900 mL 使用薄热短弯针头，1000 mL 使用厚垫短弯针头。

(6)当需要更换水浴箱中的水时，可在出水嘴上更换上附件箱中的放水管，便可放水。

3. 操作注意事项

(1)每次开机前，应将水浴箱中水加至水线，开机后水应循环，如水不循环，通常是胶管中空气阻塞所造成的，将空气排掉即可。

(2)样液用微孔滤膜过滤，应注意滤膜安装是否紧密正确。若滤膜安装不严密或有破损，将直接影响测定数据的准确性。

(3)溶出杯内介质的温度是通过外面的水浴箱控制的，水浴箱内应加入蒸馏水，不宜用自来水，以免长期使用腐蚀温控零件。最好用仪器本身的加热器升温，若使用直接注入热水的方法，则应注意温度不宜过高，以免使塑料部件变形。

实验六 拉曼光谱法在线分析阿司匹林合成过程

一、实验目的

(1) 了解阿司匹林合成的反应机理和方法。
(2) 了解过程分析技术(PAT)的基础理念及初步掌握相关实验技能。
(3) 学习拉曼光谱结合空间角转换快速分析阿司匹林合成过程的方法。

二、实验原理

过程分析技术(PAT)是过程工业在新时代背景下发展的一个新领域,是化学工程学科中具有代表性的技术进步。拉曼光谱的优势在于无损、无需样品前处理,具有优秀的实时响应性,"在线拉曼光谱"技术已用于各种过程的实时检测以及各类化学反应的研究,可实现过程中物料性质和含量的快速表征。

乙酰水杨酸(阿司匹林)为解热镇痛的非甾体抗炎药,一般由水杨酸乙酰化得到。在其合成反应体系中,主要含有的物质有乙酰水杨酸、水杨酸、醋酸酐、乙酸和副产物,主反应式如图 6-3 所示。

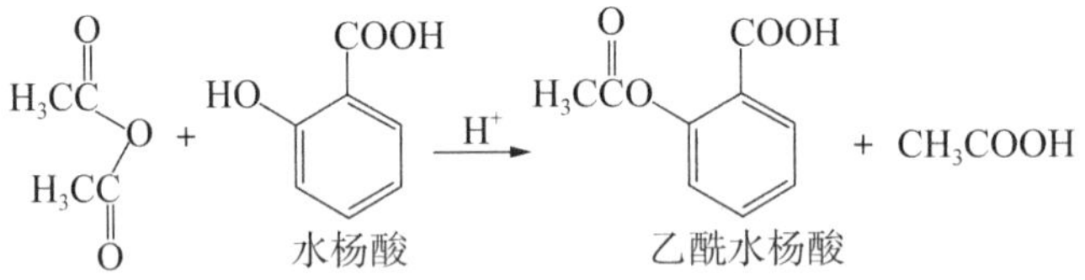

图 6-3 阿司匹林合成路线

这是一个复杂的多组分体系,涉及四个以上组分的同时定量分析。在电化学和传统光谱法分析中,多组分体系分析往往缺乏良好的选择性特征。采用传统教学实验的分析手段(如色谱等离线方式)难以在一个实验学时段(3 h)完成分析。本实验方案引入的光谱空间角定量方法对于多组分体系中各个分量都具有良好选择性,可以在合成实验完成的同时,较便捷地实现组分的实时定量。

将多组分体系中每个组分的光谱视为方向不同的单一向量,各个向量的长度(即模量)代表各物质的含量,体系为多个向量构成的空间,多组分定量即转化为在空间中量取各个向量的模量问题。体系的空间关系如图6-4所示。其中 N 表示待测样本中所有组分光谱信号组成的子空间,v 表示对照品信号,a 表示样本中被测物信号($a \in N$),a 与 v 构成夹角 θ。当 a 含量越接近 v 时,a 和 v 之间的夹角值越小,反之夹角值越大。

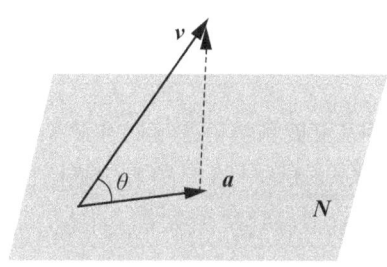

图6-4 体系的空间关系

a 和 v 的空间角可由矢量内积公式表示:

$$\cos\theta = \frac{\mathbf{\alpha} \cdot \mathbf{v}}{|a| \cdot |v|}$$

通过角度度量转化思路,进一步指出在一定浓度范围内,混合物信号 N 中被测物信号 a ($a \in N$)与对照品信号 v 之间的夹角值 θ 和混合物体系中被测物含量 C 存在着线性相关性,且该相关性不受测量条件变化影响。

在实际测量中,拉曼光谱存在背景响应大、光谱强度变化大(主要是乘性响应干扰)等问题。需要对直接采集的光谱数据先进行预处理以消除干扰。本实验在计算角度值前需先对原始光谱进行降噪和求导处理以降低噪声和背景响应,再进一步通过角度定量消除乘性干扰。

对于本实验中的阿司匹林合成体系,可以将采集到的合成过程(或产品)的拉曼光谱 N 中的阿司匹林组分作为向量 a,阿司匹林对照品的拉曼光谱为向量 v。随着反应进行,阿司匹林含量逐渐增大,a 和 v 间的角度值会逐渐减小,若进而生成副产物,其角度值会增大;反应物水杨酸含量逐渐减少,对应的过程光谱和水杨酸对照品的角度值会逐渐增大。也就是说,角度值 θ 可间接反映组成含量,利用角度值可跟踪反应过程各组成变化情况。

a 和 v 之间的空间角 θ 与阿司匹林含量 C 存在近似线性关系,即 $\theta = k_1 C + k_2$。通过直接采集过程(或各样本)的光谱,调用算法计算得到角度值,代入线性方程可进行定量分析。

夹角值的计算步骤和算法基于 Matlab 算法程序运行，主要步骤如下。

以过程光谱中阿司匹林夹角值的计算为例，步骤包括：

1）采集被测信号对照品阿司匹林的拉曼光谱 v 和反应过程的拉曼光谱 ai；

2）将测量的光谱数据导入计算机；

3）对光谱数据降噪处理；

4）求取降噪后数据的一阶或高阶导数；

5）求取反应过程导数谱与对照品导数谱间的夹角值 θ（采用 Matlab 中 "subspace" 命令求得）；

6）以夹角的负值间接表示被测物阿司匹林在体系中的含量变化。

更进一步地，取反应起点和终点样品绝对定量后，将变化趋势标定至物质的绝对量，即可得到各组分绝对物质量（摩尔量）的动力学实时值。

三、实验试剂与仪器

试剂：乙酰水杨酸（阿司匹林）（AR）、水杨酸（AR）、醋酸酐（AR）、氨基磺酸（AR）、无水乙醇（AR）、甲醇（色谱纯）。

仪器：拉曼光谱仪（ExR610）、便携式拉曼光谱仪（SEED3000）、高效液相色谱仪（primaide）、智能磁力搅拌器（ZNCL-GS）、分析天平（CP214）。

四、实验步骤

（一）乙酰水杨酸的制备

将班级学生平均分为几个小组，各小组同学按提前选定的实验条件，在容量为 150 mL 三口烧瓶中依次加入一定量的水杨酸 13.88 g、乙酸酐 20.73 g，水浴加热，磁力搅拌使水杨酸溶解，加入催化剂氨基磺酸 0.25 g，反应一定时间。待反应混合物冷却至室温后，冷水浴中搅拌并缓慢加入 10 mL 水，冷却 15 min。静置，使晶体完全析出，抽滤，用冷的蒸馏水多次洗涤，再抽滤；烘干得到乙酰水杨酸粗产品。采用乙醇重结晶，得到重结晶后产品。

(二)拉曼光谱结合空间角转换快速分析合成产物

1. 样本拉曼光谱的采集

取粗产品和重结晶产品共 14 份(S_1 至 S_{14}),分别采集乙酰水杨酸对照品与 14 份合成产品的拉曼光谱。光谱采集条件:拉曼光谱仪(ExR610),中心波长 532 nm,积分时间 2000 ms,功率等级 9。

2. 高效液相色谱分析合成产物中的阿司匹林

配制 1 mg/mL 的乙酰水杨酸对照品标准溶液,依次进样 20、15、10、5、2.5、2 μL,进行液相色谱分析,绘制标准曲线。取 14 份产品分别用流动相配制成质量浓度为 1 mg/mL 的溶液,进行液相色谱分析;将液相色谱数据中乙酰水杨酸的峰面积分别代入标准曲线中,计算出各产品中阿司匹林的含量。

液相色谱条件:C_{18} 色谱柱(4.6 mm × 250 mm,5 μm);流动相为甲醇:1% 醋酸溶液($V:V=40:60$);流速为 1 mL/min;室温;检测波长 276 nm;进样量 20 μL。

3. 分析模型的建立

(1)按液相色谱分析结果,从 S_1 至 S_{14} 中间隔选择包含系列样本最大浓度与最小浓度的建模样本 6 份。

(2)分析建模样本光谱与阿司匹林对照品光谱,选择建模波长范围。

(3)对建模样本光谱进行求导降噪处理。

(4)分别计算得到各样本导数谱与阿司匹林对照品导数谱的夹角值 θ。

(5)建立 θ 与各样本中阿司匹林含量 C 的线性方程。

4. 拉曼光谱法分析合成产物中的阿司匹林

取 S_1 至 S_{14} 中除建模样本外的其余 8 份产品作为验证样本,依照建模的数据处理参数,分别计算得到各验证样本光谱与阿司匹林对照品光谱的夹角值 θ。代入步骤(5)建立的方程,得到各样本中阿司匹林的含量,并将其与液相色谱分析结果进行比较。

(三)拉曼光谱法跟踪阿司匹林合成过程组成变化

1. 合成过程拉曼光谱采集

各小组依照选择的实验条件,分别称取一定量的水杨酸、乙酸酐加入 100 mL 的三口烧瓶中,磁力搅拌,待水杨酸完全溶解后加入氨基磺酸,80℃恒温反应

20 min（或根据实际情况定）。采用浸入式探头每间隔 1 min 采集一次反应体系的拉曼光谱，保存为 Time（$G_1 \sim G_{20}$）。取乙酰水杨酸（阿司匹林）对照品 1 g 左右，采集其拉曼光谱数据，记为 B_1（ASPL）。其中光谱采集条件：SEED3000（如海光电），中心波长 785 nm，功率 500 mW，积分时间 1 s（或根据实际情况定），采集次数 1 次。

2. 数据分析

将所采集的反应过程的光谱数据 $G_1 \sim G_{20}$ 和阿司匹林对照品光谱数据 B_1 导入 Matlab 算法平台；调用算法程序，对 $G_1 \sim G_{20}$ 和 B_1 进行求导降噪后，分别求取反应过程 $G_1 \sim G_{20}$ 与 B_1 的夹角值 θ；绘制夹角 θ 和反应时间的关系图，得到合成过程中产物乙酰水杨酸（阿司匹林）的反应趋势。依照此方法可得到体系中其他主要组分的反应趋势。

五、实验结果与讨论

（一）拉曼光谱快速分析阿司匹林合成产物

1. 液相色谱分析结果

以浓度为横坐标，峰面积为纵坐标，绘制标准曲线。利用标准曲线求出 14 份合成产品中阿司匹林的含量（质量分数），记录至表 6-5 中。

表 6-5　液相色谱分析合成产品中阿司匹林含量

编号	阿司匹林含量/%	编号	阿司匹林含量/%	编号	阿司匹林含量/%
S_1		S_6		S_{11}	
S_2		S_7		S_{12}	
S_3		S_8		S_{13}	
S_4		S_9		S_{14}	
S_5		S_{10}			

2. 分析模型建立

采集的 14 份合成产品拉曼光谱图后。计算各建模样本光谱与阿司匹林对照品光谱的系列夹角值 θ，建立 θ 值与含量的关联方程。

(二)拉曼光谱快速分析合成产品

依照建模所得参数,求取其余 8 份验证样本光谱与阿司匹林对照品光谱的夹角值 θ,将所得 θ 值代入建立的方程中,得到各验证样本阿司匹林含量,并与液相色谱分析测定值比较,结果记录于表 6-6 中。

表 6-6 基于角度转换拉曼光谱法测定验证样本中阿司匹林百分含量的结果

编号	θ 值	液相测定值/%	拉曼法预测值/%	绝对误差/%	相对误差/%
S_2					
S_4					
S_5					
S_6					
S_7					
S_8					
S_{13}					
S_{14}					

六、思考题

如何分析实验反应过程中体系的多组分反应趋势?

实验七　啤酒花中芦丁的高效液相色谱法测定

一、实验目的

(1)了解与掌握高效液相色谱法(HPLC),并分析原理与基本操作方法。
(2)掌握标准曲线法进行芦丁含量测定的基本原理。

二、实验原理

高效液相色谱法(high performance liquid chromatography,HPLC)又称"高压液相色谱""高速液相色谱""高分离度液相色谱""近代柱色谱"等。高效液相色谱是色谱法的一个重要分支,其以液体为流动相,采用高压输液系统,将具有不同极性的单一溶剂或不同比例的混合溶剂、缓冲液等流动相泵入装有固定相的色谱柱。在柱内,各成分被分离,再进入检测器进行检测,从而实现对试样的分析。该方法已成为化学、医学、工业、农学、商检和法检等学科领域中重要的分离分析技术应用。

标准曲线法,也称外标法,是一种简便、快速的定量方法。用标准样品配制成不同浓度的标准系列,在与待测组分相同的色谱条件下,等体积准确进样,测量各峰的峰面积或峰高,用峰面积或峰高对样品浓度绘制标准曲线。此标准曲线应是通过原点的直线。若标准曲线不通过原点,则说明系统误差存在。标准曲线的斜率即为绝对校正因子。在天然药物活性成分日常控制分析中大多数采用这种方法,分析结果的准确性主要取决于进样的重复性和操作条件的稳定性。

三、实验试剂与仪器

试剂:酒花超临界 CO_2 萃取后的萃余物(实验室自制);石油醚、甲醇(色谱纯)、乙醇、乙酸、芦丁标准品、超纯水(购自娃哈哈公司)。

仪器:Waters 1525 型高效液相色谱仪、Waters 2487 型 UV 检测器、超声波清洗仪、真空旋转蒸发仪、离心机、微量进样器、微孔滤膜。

四、实验步骤

1. 酒花中芦丁的提取步骤

准确称取 1 g 酒花样品 2 份,用 50% 的乙醇溶液以 1∶20 的料液比,在 60 ℃ 下分别用超声波提取 1 h;然后离心 4000 rpm 15 min,取上清液为酒花芦丁提取液;经 0.45 μm 滤膜过滤后,用于 HPLC 分析。

2. HPLC 测定芦丁的操作步骤

先用芦丁标准品制作标准曲线,再用微量进样器吸取 10 μL 样品液进行进样分析，记录色谱峰，测定样品的芦丁峰面积，代入标准曲线的回归方程中计算相应的芦丁含量。

HPLC 测定条件：C 柱（4.6 mm × 250 mm），流动相：甲醇—水—冰乙酸（40∶60∶2，V/V）；流速：1.0 mL/min；柱温：室温；进样量：10 μL；检测波长：280 nm；灵敏度：0.05 AUFS。

3. 芦丁标准曲线制备方法

取芦丁标准品适量，用甲醇制成 10、20、40、60、80、100 ppm 系列的标准品溶液，分别进样，记录峰面积，以芦丁标准品浓度为横坐标、峰面积为纵坐标绘制芦丁标准曲线（相关系数大于 0.99）。

芦丁的定性与定量分析：芦丁的定性分析根据芦丁标准品的保留时间确定，定量分析由芦丁标准品的标准曲线方法计算。芦丁含量结果表示为 mg/g 酒花。

五、实验结果与讨论

（1）绘制芦丁标准曲线，确定相关系数（建议大于 0.99）。
（2）记录实验的条件、过程、样品出峰时间及色谱图。
（3）计算芦丁含量，评价产物的品质。
（4）按照《中华人民共和国药典》（2020 年版）"高效液相色谱法"的规定方法，计算仪器所用测试条件下的理论塔板数。

六、思考题

（1）建立色谱条件时需要考虑哪些因素？
（2）是否可以使用同一浓度的标准品溶液以由小到大的进样体积来建立标准曲线？
（3）进行 HPLC 分析时，必须保证理论塔板数达到什么要求？

参 考 文 献

[1] 宋航，承强，樊君．制药工程专业实验[M]．3版．北京：化学工业出版社，2019．

[2] 牟世芬，刘克纳．医药高效液相色谱技术[M]．北京：化学工业出版社，2000．

[3] 尤庆祥．药物有机化学实验教程[M]．成都：成都科技大学出版社，1998．

[4] 李正化．有机药物合成原理[M]．北京：人民卫生出版社，1985．

[5] H. BERKER, W. WALTER．有机化学基础实验（上下）[M]．四川大学化学系有机化学教研室，译．北京：高等教育出版社，1983．

[6] 陈德昌．中药化学对照品工作手册[M]．北京：中国医药科技出版社，2000．

[7] 杨云等．天然药物化学成分提取分离手册[M]．北京：中国中医药出版社，2003．

[8] 张安乐，曹景伟，王玉鑫，等．手性拆分：化学拆分法的研究进展[J]．应用化工，2023，52（3）：827-830．

[9] 靳倩，申凌娜，李淑芳，等．槐花药材中芦丁、槲皮素、染料木素的含量测定[J]．中医学报，2015，30（8）：1176-1177．

[10] 吴玲玲，韩墨，黄真，等．葛根素提取及分离纯化的研究进展[J]．中华中医药学刊，2011，29（3）：569-571．

[11] 韩剑，曹伟，尹华，等．正交试验法优选葛根素提取工艺[J]．中国医院药学杂志，2007，27（3）：332-333．

[12] 丛竹凤，高鹏，代龙．正交试验优选苦参总生物碱提取工艺[J]．中国药房，2010，21（43）：4064-4066．

[13] 李林，罗琼，张声华．海带多糖的分类提取、鉴定及理化特性研究[J]．食品科学，2000，（4）：28-32．

[14] 黄家佳，龙晓燕，王瑞，等．白芷中香豆素类成分渗漉提取工艺的优化[J]．中药，2019，41（9）：2204-2206．

[15] 张荣泉，王德仁．大孔吸附树脂在中药成分精制中的应用[J]．中国药业，2004，13（5）：72-73．

[16] 胡军，周跃华．大孔吸附树脂在中药成分精制纯化中的应用[J]．中成药杂志，2002，24（2）：127-131．

[17] 李良铸．生化制药学[M]．北京：中国医药科技出版社，1991．

[18] 李良铸，李明晔．最新生化药物制备技术[M]．北京：中国医药科技出版社，2002．

[19] 周文静，吕嘉枥．从猪血中提取纯化凝血酶方法的改进[J]．中国生物制品学杂志，2005，3：199．

[20] 黄体冉，刘悦萍，张国庆，等．生物化学综合性实验的设计与实现：以亲和层析法纯化猪胰蛋白酶为例[J]．实验室研究与探究，2017，36（4）：179-183．

[21] 吕红宝，李凯，郭庆．猪胆汁中胆红素提取工艺的研究[J]．辽宁化工，2023，52（4）：506-508，512．

[22] 卢庆祥,贾凤玲,赵恒武,等.胆红素提取和含量测定的新方法[J].化学世界,1996,7:388-389.
[23] 马丽,邱业先,杨进军,等.元宝枫蛋白酶的分离纯化及其生化性质[J].植物资源与环境学报,2005,14(1):6-9.
[24] 俞建瑛,蒋宇,王善利.生物化学实验技术[M].北京:化学工业出版社,2005.
[25] 陈珊珊,林雄水,翁凌,等.草鱼胰蛋白酶的分离纯化及性质研究[J].集美大学学报(自然科学版),2005,10(4):300-304.
[26] 崔福德.药剂学[M].5版.北京:人民卫生出版社,2003.
[27] 潘卫三,杨星钢.药剂学[M].4版.北京:中国医药科技出版社,2023.
[28] 庄越.实用药物制剂技术[M].北京:中国医药科技出版社,1999.
[29] Bakeev K A.过程分析技术:针对化学和制药工业的光谱方法和实施策略(原书第2版)[M].姚志湘,褚小立,粟晖,等,译.北京:机械工业出版社,2014:184-202.
[30] 粟晖,潘浩然,姚志湘,等.中红外光谱结合向量夹角直接定量三氯蔗糖[J].光谱学与光谱分析,2019,39(6):1742-1747.
[31] 姚志湘,粟晖,韩莹,等.荧光褪色效应与拉曼光谱基线干扰消除[J].光谱学与光谱分析,2019,39(7):2034-2039.
[32] 姚志湘,马鑫,张景清,等.阿司匹林合成过程在线分析实验教学实践[J].大学化学,2022,37(12):1-9.
[33] 李静,贾文江,曹望弟,等.高效液相色谱法同时测定分心木中芦丁、槲皮素、金丝桃苷含量[J].中国药业,2021,30(20):61-63.
[34] 梁瑞婷,刘青,奚星林,等.奶茶制品中茶多酚含量的测定方法改进[J].中国检验检测,2014,22(3):17-18.
[35] 邓祥,韩伟.酒石酸亚铁:标准曲线法检测绿茶提取物中茶多酚含量[J].南京工业大学学报(自然科学版),2020,42(5):677-682.
[36] 王宁,火跃芳,仇凡,等.布洛芬缓释胶囊的制备与释放度测定[J].武汉大学学报(医学版),2013,34(5):711-713.
[37] 沈雪梅,朱小龙,胡燕超,等.静电喷雾法制备聚乳酸/布洛芬微球及其性能研究[J].中国塑料,2022,36(7):61-66.
[38] 史同瑞,崔宇超,王丽坤,等.壳聚糖-海藻酸钠载药微球制备工艺研究[J].中国兽药杂志,2019,53(8):56-65.
[39] 蒋玉泉.壳聚糖载药微球的制备方法及在医药领域的应用[J].中文科技期刊数据库(全文版)医药卫生,2022,7:120-122.
[40] 赵振刚,刘爽,游丽君.壳聚糖修饰甜菜红素脂质体的制备与抗肿瘤活性[J].华南理工大学学报(自然科学版),2022,50:16-22.
[41] 蒲丽丽,高洁,赖先荣.姜黄提取物固体分散体的制备及体外评价[J].中草药,2022,53:99-106.